Einführung in die Funktionalanalysis

Friedrich Hirzebruch / Winfried Scharlau

Einführung in die Funktionalanalysis

Spektrum Akademischer Verlag   Heidelberg · Berlin · Oxford

Autoren:
Dr. rer. nat. Dr. hc. mult. Friedrich Hirzebruch
Prof. em. am Mathematischen Institut
der Universität Bonn,
ehem. Direktor des Max-Planck-Instituts für Mathematik, Bonn

Dr. rer. nat. Winfried Scharlau
Prof. am Mathematischen Institut
Universität Münster

Die Deutsche Bibliothek – CIP-Einheitsaufnahme

Hirzebruch, Friedrich:
Einführung in die Funktionalanalysis / Friedrich Hirzebruch/Winfried Scharlau.
– Heidelberg ; Berlin ; Oxford : Spektrum, Akad. Verl., 1996
(Spektrum-Hochschultaschenbuch)
ISBN 3-86025-429-4
NE: Scharlau, Winfried:

1. Auflage 1971
Bibliographisches Institut, Mannheim

Unveränderter Nachdruck 1991
© 1991 Spektrum Akademischer Verlag GmbH   Heidelberg · Berlin · Oxford

Alle Rechte, insbesondere die der Übersetzung in fremde Sprachen, sind vorbehalten.
Kein Teil des Buches darf ohne schriftliche Genehmigung des Verlages photokopiert
oder in irgendeiner anderen Form reproduziert oder in eine von Maschinen verwendbare
Sprache übertragen oder übersetzt werden.

Umschlaggestaltung: Eta Friedrich, Berlin
Druck und Verarbeitung: Strauss Offsetdruck GmbH, Mörlenbach

Spektrum Akademischer Verlag   Heidelberg · Berlin · Oxford

Vorwort

Ziel dieses Buches ist es, auf möglichst wenigen Seiten eine Einführung in die Funktionalanalysis zu geben. Die Funktionalanalysis ist ein sehr umfangreiches Gebiet der Mathematik; wir beschränken uns hier auf ein besonders interessantes und anwendungsreiches Teilgebiet, nämlich die Theorie der normierten Räume und der linearen Operatoren. Andere wichtige Teile wie die Theorie der topologischen Vektorräume oder der Distributionen werden überhaupt nicht berührt. Es ist nicht unser Anliegen, den ausgewählten Stoff in größter Allgemeinheit darzustellen. Im Gegenteil, oft beschränken wir uns auf den einfachsten Fall, an dem sich in der Regel schon die grundlegenden Methoden und Ideen kennenlernen lassen.

Das Buch wendet sich an Mathematiker und Physiker, die die mathematischen Grundvorlesungen gehört haben und damit beginnen wollen, sich in einem Teilgebiet der Mathematik vertiefte Kenntnisse anzueignen. Für einen Mathematiker, der sich intensiver mit der Funktionalanalysis beschäftigen will, kann dieses Buch selbstverständlich nur eine erste Einführung sein. Wir hoffen jedoch, daß es das Studium weiterführender Bücher vorbereiten kann, z. B. das Studium des vielfach umfangreicheren und tiefergehenden Werkes von DUNFORD-SCHWARTZ. Was an Vorkenntnissen vorausgesetzt wird, findet sich am besten und für die Lektüre dieses Buches am geeignetesten in J. DIEUDONNÉ: "Foundations of Modern Analysis", wo der Leser insbesondere auch mit der knappen und axiomatischen Darstellungsweise der modernen Mathematik vertraut gemacht wird. Um die Lektüre unseres Buches zu erleichtern, haben wir in zwei Anhängen die benötigten Grundbegriffe aus der mengentheoretischen Topologie und das Lemma von Zorn zusammengestellt. Außerdem findet sich in Kapitel III eine Einführung in die Theorie des Lebesgue-Integrals.

Dieses Buch ist von Nicht-Experten geschrieben. Es erhebt keinerlei Anspruch auf Originalität. Das Buch geht auf eine Vorlesung zurück, die der erstgenannte Verfasser im Wintersemester 1963/64 und im Sommersemester 1964 an der Universität Bonn gehalten hat und die laufend vom zweitgenannten Verfasser und von Herrn WERNER MEYER aufgezeichnet wurde. Das so entstandene Vorlesungsskriptum (vervielfältigt im Mathematischen Institut der Universität Bonn 1964 und 1965) wurde zur Veröffentlichung in Buchform vom zweitgenannten Verfasser noch einmal überarbeitet und ergänzt. An vielen Stellen folgt der Text weitgehend anderen Büchern oder Originalarbeiten. Im Literaturverzeichnis haben wir alle benutzten Quellen – soweit wir uns nach den vielen Jahren noch an sie erinnern konnten – zusammengestellt. Daß wir uns zur Herausgabe des Skriptums als Buch entschließen konnten, geht vor allem auf den Rat von Herrn HEINZ KÖNIG zurück, der sich das ursprüngliche Vorlesungsskriptum angesehen hat und dem wir für viele Ratschläge und Verbesserungen herzlich danken, wobei die Verantwortung für alle Mängel des Buches natürlich bei den Verfassern bleibt. Wir danken auch Mitarbeitern des mathematischen Instituts in Bonn, die vor Vervielfältigung der Vorlesungsniederschrift den Text kritisch durchsahen, vor allem den Herren D. ARLT, K. H. MAYER, WERNER MEYER und E. OSSA. Dem Bibliographischen Institut danken wir für die jederzeit gute und angenehme Zusammenarbeit.

Bonn,
den 30. September 1970

F. HIRZEBRUCH
W. SCHARLAU

INHALTSVERZEICHNIS

I. Metrische Räume 9
  1. Metrische Räume und ihre Topologie 9
  2. Vollständige metrische Räume 12
  3. Metrische Räume von Abbildungen 15
  4. Der Satz von BAIRE 21

II. Normierte Räume 24
  5. Topologische Vektorräume, normierte Räume, normierte Algebren 24
  6. Hahn-Banach-Sätze 29
  7. Normierte Räume linearer Funktionen. Der Dualraum . 34
  8. Das Prinzip der gleichmäßigen Beschränktheit 38
  9. Das Prinzip der offenen Abbildung 39

III. Die Räume $L^p(\mathbb{R}^n, \varphi)$ 43
  10. Ein Steilkurs über das Lebesgue-Integral 43
  11. Die normierten Räume $L^p(\mathbb{R}^n, \varphi)$ 51
  12. Der Satz von RIESZ-FISCHER über die Vollständigkeit der Räume L^p 57

IV. Schwache Topologien und reflexive Räume 60
  13. Schwache Topologien 60
  14. Reflexive Räume und schwache Topologien 64
  15. Ein Ergodensatz 69

V. Gleichmäßig konvexe Räume 72
  16. Gleichmäßig konvexe Räume und ihre Geometrie . . . 72
  17. Die gleichmäßige Konvexität der Räume L^p 75
  18. Der Satz von MILMAN 78
  19. Der Dualraum von L^p 80

VI. Hilbert-Räume 83
  20. Hilbert-Räume und ihre Geometrie 83
  21. Orthonormale Basen in Hilbert-Räumen 88
  22. Hermitesche Operatoren 94

VII. Lineare Operatoren in Banach-Räumen. Kompakte Operatoren. Fredholm-Operatoren 100
  23. Spektralwerte stetiger Operatoren 100
  24. Kompakte Operatoren I. Der Satz von F. RIESZ . . . 103
  25. Fredholm-Operatoren 107
  26. Kompakte Operatoren II. 112
  27. Integralgleichungen 116

VIII. Kommutative Banach-Algebren 122
    28. Kommutative Banach-Algebren 122
    29. Kommutative B^*-Algebren 127
    30. Der Spektralsatz 129

IX. Spektraldarstellung hermitescher und unitärer Operatoren . . . 135
    31. Spektralscharen 135
    32. Spektraldarstellung hermitescher Operatoren 139
    33. Spektraldarstellung unitärer Operatoren 147
    34. Die Wegzusammenhangs-Komponenten der unitären Gruppe und der Menge der Fredholm-Operatoren . . . 150

X. Spektraldarstellung nicht überall definierter hermitescher Operatoren 153
    35. Symmetrische Operatoren. Die Cayley-Transformierte . 153
    36. Spektraldarstellung unbeschränkter hermitescher Operatoren 160

ANHANG I: Begriffe und Sätze aus der mengentheoretischen Topologie 165

ANHANG II: Das Lemma von Zorn 170

Bezeichnungen 171

Literaturhinweise 172

Sachverzeichnis 175

Kapitel I

Metrische Räume

Ein metrischer Raum ist eine Menge, für deren Elemente (= Punkte) ein geometrisch sinnvoller Abstandsbegriff definiert ist. Deshalb kann man wie in der Infinitesimalrechnung von offenen Mengen, Häufungspunkten, konvergenten Folgen, Cauchy-Folgen und anderen topologischen Begriffen sprechen. Dabei setzen wir die Grundbegriffe der mengentheoretischen Topologie als bekannt voraus. (Vgl. auch Anhang I.)
Der Begriff des metrischen Raumes ist fundamental in der Analysis. Wir werden aber nur die Grundlagen der Theorie der metrischen Räume entwickeln. Die einzigen etwas schwierigen Resultate sind der Satz von BAIRE und der Satz von ARZELA-ASCOLI.

§ 1. Metrische Räume und ihre Topologie

Definition 1.1. *Ein metrischer Raum ist ein Paar (X, d), bestehend aus einer Menge X und einer Abbildung (Abstandsfunktion)*

$$d: X \times X \to \langle 0, \infty)$$

mit folgenden Eigenschaften:

(i) $d(x, y) = 0 \Leftrightarrow x = y$.
(ii) $d(x, y) = d(y, x)$.
(iii) $d(z, x) \leq d(z, y) + d(y, x)$ *(Dreiecksungleichung)*.

Wir nennen d auch Metrik.

Beispiel 1.2. Aus der Infinitesimalrechnung kennen wir für $X = \mathbb{R}^n$ die beiden folgenden Metriken d_1 und d_2:

$$d_1(x,y) = \sqrt{\sum_{i=1}^{n} (x_i - y_i)^2}$$

$$d_2(x, y) = \sup_i |x_i - y_i|.$$

Folgende Ungleichung wird oft gebraucht:

Lemma 1.3. *Sei (X, d) metrischer Raum. Dann gilt für alle $a, a', b, b' \in X$:*

$$|d(a, a') - d(b, b')| \leq d(a, b) + d(a', b').$$

Beweis: Aus der Dreiecksungleichung folgt:

$$d(a, a') \leq d(a, b) + d(b, b') + d(b', a'),$$

daher
$$d(a,a') - d(b,b') \leq d(a,b) + d(a',b')$$
und ebenso
$$d(b,b') - d(a,a') \leq d(a,b) + d(a',b'), \quad \text{q.e.d.}$$

Sei (X, d) metrischer Raum. Wir machen X folgendermaßen zu einem topologischen Raum:

Für $x \in X$ und $\varepsilon > 0$ heißt
$$U(x, \varepsilon) = \{y \mid y \in X \text{ und } d(x,y) < \varepsilon\}$$
ε-Umgebung von x. Die $U(x, \varepsilon)$ nennen wir auch offene Kugeln. Die ε-Umgebungen haben folgende Eigenschaften:

Lemma 1.4.

(i) $x \in U(x, \varepsilon)$.

(ii) $U(x, \varepsilon_1) \cap U(x, \varepsilon_2) = U(x, \varepsilon)$, wobei $\varepsilon = \inf(\varepsilon_1, \varepsilon_2)$.

(iii) $y \in U(x, \varepsilon) \Rightarrow U(y, \varepsilon - d(x,y)) \subset U(x, \varepsilon)$.

Beweis: (i), (ii) sind trivial, (iii) folgt aus der Dreiecksungleichung.

Definition 1.5. *Eine Teilmenge V von X heißt offen, falls es für alle $x \in V$ ein $\varepsilon > 0$ gibt mit $U(x, \varepsilon) \subset V$.*

Satz 1.6. *Sei (X, d) metrischer Raum. Dann ist die Menge der offenen Teilmengen von X eine Topologie für X, die X zu einem Hausdorff-Raum macht.*

Beweis: Wir haben zu zeigen:

(i) Die Vereinigung beliebig vieler offener Mengen ist offen.

(ii) Der Durchschnitt von zwei offenen Mengen ist offen.

Das erste ist klar, das zweite folgt aus 1.4.(ii).

Sind $x, y \in X$ zwei verschiedene Punkte und ist $\varepsilon = \frac{1}{2}d(x,y)$, so gilt $U(x, \varepsilon) \cap U(y, \varepsilon) = \emptyset$. Also gilt das hausdorffsche Trennungsaxiom, q.e.d.

Aus 1.4.(iii) folgt, daß die ε-Umgebungen selbst offene Mengen sind.

Den metrischen Raum (X, d) bezeichnen wir oft auch einfach mit X. Unter X verstehen wir auch den durch (X, d) gegebenen topologischen Raum.

Ist (X, d) metrischer Raum und A Teilmenge von X, so definiert die Beschränkung $d|_{A \times A}$ eine Metrik auf A. Die durch diese Metrik definierte Topologie von A stimmt mit der Relativtopologie der Teilmenge A des topologischen Raumes X überein. (Vgl. Anhang I.)

Metrische Räume und ihre Topologie

Sind (X, d_X), (Y, d_Y) metrische Räume, so ist auf $X \times Y$ eine Metrik d definiert durch

$$d((x, y), (x', y')) = d_X(x, x') + d_Y(y, y'),$$

d. h., das Produkt $X \times Y$ ist in kanonischer Weise ein metrischer Raum. Man sieht leicht, daß die durch die Metrik von $X \times Y$ induzierte Topologie gleich der aus der Topologie bekannten Produkttopologie ist. (Vgl. Anhang I.)

Definition 1.7. *Es seien (X, d_X) und (Y, d_Y) metrische Räume. Eine Abbildung $f: X \to Y$ heißt Isometrie, wenn für alle $x, x' \in X$ gilt*

$$d_X(x, x') = d_Y(f(x), f(x')).$$

Die beiden Räume heißen isometrisch, falls eine surjektive Isometrie existiert.

Man sieht unmittelbar, daß eine Isometrie f injektiv ist.

Es seien (X, d_X), (Y, d_Y) metrische Räume und $f: X \to Y$ eine Abbildung. f heißt stetig, wenn das Urbild jeder offenen Menge offen ist.

Definition 1.8. *Unter denselben Voraussetzungen heißt f stetig in $x \in X$, wenn es zu jedem $\varepsilon > 0$ ein $\delta > 0$ gibt, so daß für alle $x' \in X$ mit $d_X(x, x') < \delta$ gilt $d_Y(f(x), f(x')) < \varepsilon$.*

Die beiden Definitionen sind verträglich, denn

Lemma 1.9. *f ist genau dann stetig, wenn f stetig in allen $x \in X$ ist.*

Beweis: Ist f stetig, so ist für alle $x \in X$ die Menge $f^{-1}\big(U(f(x), \varepsilon)\big)$ offen und enthält also mit x auch eine Umgebung $U(x, \delta)$ für genügend kleines $\delta > 0$.

Sei $V \subset Y$ offen und $x \in f^{-1}(V)$. Für genügend kleine ε ist $U(f(x), \varepsilon) \subset V$. Wegen der Stetigkeit in x gibt es zu $\varepsilon > 0$ mit $U(f(x), \varepsilon) \subset V$ ein $\delta > 0$ mit $f(U(x, \delta)) \subset U(f(x), \varepsilon)$, also $U(x, \delta) \subset f^{-1}(V)$, also ist $f^{-1}(V)$ offen.

Definition 1.10. *Es seien (X, d_X), (Y, d_Y) metrische Räume. Eine Abbildung $f: X \to Y$ heißt gleichmäßig stetig, falls es zu jedem $\varepsilon > 0$ ein $\delta > 0$ gibt, so daß aus $d(x, x') < \delta$ folgt $d(f(x), f(x')) < \varepsilon$.*

Man überlege sich, daß die Metrik

$$d: X \times X \to \langle 0, \infty)$$

gleichmäßig stetig ist (wenn $X \times X$ mit der oben angegebenen Metrik und das Intervall $\langle 0, \infty)$ mit der üblichen, mittels des Absolutbetrages definierten, Metrik versehen ist).

§ 2. Vollständige metrische Räume

Sei (X, d) ein metrischer Raum.

Eine Folge $\{a_n\}_{n=1,2,...}$ von Punkten aus X konvergiert per definitionem gegen $a \in X$, falls es für jedes $\varepsilon > 0$ ein n_0 gibt, so daß für alle $n > n_0$ gilt $d(a, a_n) < \varepsilon$; mit anderen Worten: Jede ε-Umgebung von a enthält fast alle Glieder der Folge.

Eine Folge konvergiert gegen höchstens einen Punkt a. Dieser heißt dann Grenzwert oder Limes der Folge, und man schreibt $a = \lim_{n \to \infty} a_n$.

Lemma 2.1. *Sei X ein metrischer Raum und A eine Teilmenge. Dann ist die abgeschlossene Hülle $\bar{A}$ von A die Menge aller $x \in X$, so daß es eine gegen x konvergente Folge $\{a_n\}$ mit $a_n \in A$ gibt.*

Beweis: Ist $x \in \bar{A}$, so liegt in jeder Umgebung $U(x, 1/n)$ ein Element $a_n \in A$. Die Folge $\{a_n\}$ konvergiert gegen x. Ist umgekehrt $x = \lim a_n$, so liegt in jeder Umgebung von x ein a_n, also $x \in \bar{A}$.

Eine Folge $\{a_n\}$ heißt Cauchy-Folge, wenn es zu jedem $\varepsilon > 0$ ein n_0 gibt, so daß für alle $n, m > n_0$ gilt $d(a_n, a_m) < \varepsilon$.

Jede konvergente Folge ist Cauchy-Folge, wie unmittelbar aus

$$d(a_n, a_m) \leq d(a_n, a) + d(a_m, a)$$

folgt.

Der metrische Raum X heißt vollständig, wenn jede Cauchy-Folge in X konvergiert.

Der metrische Raum $\mathbb{R}^n$ ist bekanntlich vollständig. (Welche der Metriken aus Beispiel 1.2 man benutzt, ist gleichgültig.)

Lemma 2.2. *Sei (X, d) vollständiger metrischer Raum. Dann gilt für jede Teilmenge A von X*

$$A \text{ abgeschlossen} \Leftrightarrow A \text{ vollständig}.$$

Beweis: „$\Rightarrow$" Sei $\{a_n\}$ Cauchy-Folge in dem metrischen Raum A. Dann ist $\{a_n\}$ Cauchy-Folge in X, nach Voraussetzung also konvergent in X, d.h., es gibt ein $x_0 \in X$ mit $\lim a_n = x_0$. In jeder Umgebung von x_0 liegen fast alle Glieder der Folge, also enthält jede Umgebung von x_0 ein Element von A. Bezeichnet $\bar{A}$ die abgeschlossene Hülle von A, so gilt $x_0 \in \bar{A}$, also $x_0 \in A$. Folglich ist A vollständig.

„$\Leftarrow$" Sei $x_0 \in \bar{A}$; d.h., für alle $n > 0$ gibt es ein $a_n \in A$ mit $d(x_0, a_n) < 1/n$. Also ist $\{a_n\}$ Cauchy-Folge in A, die gegen x_0 konvergiert. Wegen der Vollständigkeit von A gilt $x_0 \in A$, also ist A abgeschlossen.

Wir zeigen nun, daß man zu jedem metrischen Raum (X, d) auf eindeutig bestimmte Weise einen vollständigen metrischen Raum $(\widehat{X}, \hat{d})$ konstruieren kann, der X als dichten Teilraum enthält, d.h., die abgeschlossene Hülle von X bezüglich der Metrik von $\widehat{X}$ ist der ganze Raum $\widehat{X}$.

Satz 2.3. *Sei (X, d) metrischer Raum. Dann gibt es einen vollständigen metrischen Raum $(\widehat{X}, \hat{d})$ und eine Isometrie $i: X \to \widehat{X}$, so daß gilt $\overline{i(X)} = \widehat{X}$. Der metrische Raum $(\widehat{X}, \hat{d})$ zusammen mit der Isometrie $i: X \to \widehat{X}$ ist (bis auf Isomorphie) eindeutig durch den metrischen Raum (X, d) bestimmt. $(\widehat{X}, \hat{d})$ heißt Vervollständigung (oder Komplettierung) von (X, d).*

Beweis: Wir zeigen zunächst die Eindeutigkeit. Sei $(\widetilde{X}, \tilde{d})$ ebenfalls Vervollständigung von X und $j: X \to \widetilde{X}$ die zugehörige Isometrie. Dann ist $h' = i \circ j^{-1}: j(X) \to i(X)$ eine Isometrie. Wegen $\overline{j(X)} = \widetilde{X}$ gibt es genau eine stetige Abbildung $h: \widetilde{X} \to \widehat{X}$ mit $h|_{j(X)} = h'$. Man verifiziert leicht, daß h eine surjektive Isometrie ist.

Wir konstruieren jetzt den Raum $(\widehat{X}, \hat{d})$, überlassen die Einzelheiten des Beweises aber dem Leser. Diese Konstruktion entspricht genau der aus der Infinitesimalrechnung bekannten Konstruktion von $\mathbb{R}$ als Vervollständigung von $\mathbb{Q}$. Es sei $CF(X)$ die Menge aller Cauchy-Folgen im metrischen Raum X. In $CF(X)$ führen wir eine Äquivalenz-Relation $\sim$ ein. Für $\{x_n\}, \{x'_n\} \in CF(X)$ wird definiert:

$$\{x_n\} \sim \{x'_n\} \iff \{d(x_n, x'_n)\} \text{ ist Nullfolge}.$$

Sei $\widehat{X}$ die Menge aller Äquivalenzklassen: $\widehat{X} = CF(X)/\sim$. Um $\hat{d}$ zu definieren, wählen wir Repräsentanten $\{x_n\}, \{y_n\}$ von Elementen $x, y \in \widehat{X}$ und definieren:

$$\hat{d}(x, y) = \lim_{n \to \infty} d(x_n, y_n).$$

Dann ist zu zeigen:

(i) $\{d(x_n, y_n)\}_{n=1, 2, \ldots}$ konvergiert.
(ii) Die Definition von $\hat{d}$ ist unabhängig von der Auswahl der Repräsentanten.
(iii) $\hat{d}$ ist Metrik.

Die Isometrie $i: X \to \widehat{X}$ wird definiert durch $x \mapsto$ Klasse der stationären Folge $x, x, x, \ldots$ Klarerweise ist i Isometrie. Um $\overline{i(X)} = \widehat{X}$ zu zeigen, ist zu beweisen, daß in jeder ε-Umgebung von $x \in \widehat{X}$ ein Element von $i(X)$ liegt. Schließlich muß noch bewiesen werden, daß $\widehat{X}$ tatsächlich vollständig ist, d.h., daß jede Cauchy-Folge konvergiert.

Wir skizzieren noch eine andere Konstruktion von $\hat{X}$, die wir einer Mitteilung von H. KÖNIG verdanken:

Gegeben ist ein metrischer Raum (X, d). Es sei

$$Z = \{\varphi: X \to \mathbb{R} \mid \varphi(x) - \varphi(y) \leq d(x, y) \leq \varphi(x) + \varphi(y) \text{ für alle } x, y \in X\}.$$

Insbesondere nimmt also jede Funktion φ aus Z nur Werte ≥ 0 an. Für $\varphi, \psi \in Z$ gilt

$$\varphi(x) - \varphi(y) \leq \psi(x) + \psi(y),$$

also

$$|\varphi(x) - \psi(x)| \leq \varphi(y) + \psi(y).$$

Also ist

$$D(\varphi, \psi) = \sup_{x \in X} |\varphi(x) - \psi(x)|$$

endlich. Man prüft nun leicht nach, daß D eine Metrik auf der Menge Z ist. Z ist also ein Teilraum des im nächsten Paragraphen eingeführten fastmetrischen Raumes $F(E, \mathbb{R})$. Es ist leicht zu sehen, daß Z abgeschlossen in $F(E, \mathbb{R})$ ist. Wegen der Vollständigkeit von $F(E, \mathbb{R})$ und Lemma 2.2 ist also auch Z vollständig. Wir betten nun X auf eine Weise isometrisch in Z ein, die den Grundgedanken dieser Konstruktion von $\hat{X}$ klarmacht:

$a \in X$ werde abgebildet auf φ_a mit $\varphi_a(x) = d(a, x)$. Aus der Dreiecksungleichung für d folgt, daß $\varphi_a \in Z$. Um zu zeigen, daß $a \mapsto \varphi_a$ eine Isometrie ist, setzen wir in die Ungleichung

$$|\varphi_a(x) - \varphi(x)| \leq \varphi_a(y) + \varphi(y)$$

den Wert $y = a$ ein und erhalten

$$|\varphi_a(x) - \varphi(x)| \leq \varphi(a).$$

Setzt man $x = a$, so folgt unmittelbar $D(\varphi_a, \varphi) = \varphi(a)$. Insbesondere hat man also

$$D(\varphi_a, \varphi_b) = d(a, b),$$

d.h., $a \mapsto \varphi_a$ ist Isometrie.

Wir behaupten nun, daß

$$\hat{X} = \{\varphi \in Z \mid \inf_{x \in X} \varphi(x) = 0\}$$

ein abgeschlossener, also vollständiger Unterraum von Z ist. Ist nämlich φ in der abgeschlossenen Hülle von $\hat{X}$, so gibt es ein $\psi \in \hat{X}$ mit $D(\varphi, \psi) < \varepsilon$.

Zu ψ gibt es ein x mit $\psi(x) < \varepsilon$, also $\varphi(x) < 2\varepsilon$. Das Bild von X liegt dicht in $\hat{X}$, denn aus $\varphi(a) < \varepsilon$ folgt für alle x

$$|\varphi_a(x) - \varphi(x)| \leq \varphi(a) < \varepsilon.$$

Damit ist alles gezeigt.

Lemma 2.4. *Sei X ein metrischer Raum und A ein Teilraum. Dann ist $\bar{A}$ vollständig genau dann, wenn jede Cauchy-Folge $\{a_n\}$ mit $a_n \in A$ in X konvergiert.*

Beweis: Konvergiert jede solche Cauchy-Folge, so sehen wir mittels 2.1, daß die abgeschlossene Hülle von A in X gleich der abgeschlossenen Hülle von A in $\hat{X}$ ist. Also ist $\bar{A}$ als abgeschlossener Teilraum von X vollständig. Die umgekehrte Richtung der Behauptung ist trivial.

§ 3. Metrische Räume von Abbildungen

Wir benötigen eine kleine Verallgemeinerung des Begriffes „metrischer Raum". Es sei $\langle 0, \infty \rangle$ die in natürlicher Weise total-geordnete, topologisierte und mit einer Addition versehene Menge $\langle 0, \infty) \cup \{\infty\}$. Eine *Fastmetrik* ist eine Abbildung $d: X \times X \to \langle 0, \infty \rangle$, die im übrigen dieselben Eigenschaften wie eine Metrik hat. Der einzige Unterschied ist also der, daß in einer Fastmetrik zwei Punkte den Abstand ∞ haben können. Aus einer Fastmetrik d kann man leicht eine Metrik herstellen: Sei $f(x) = 1 - \dfrac{1}{1+x}$; $x \in \langle 0, \infty \rangle$. Dann ist $d' = f \circ d$ eine Metrik für X und zwar definiert d' dieselbe Topologie wie d. Was wir in §1 über Metriken gesagt haben, gilt auch für Fastmetriken.

Sei (X, d) metrischer Raum, E eine beliebige Menge. Es bezeichne $F(E, X)$ die Menge aller Abbildungen von E in X. Mit der Abstandsfunktion D, definiert durch

$$D(f, g) = \sup_{t \in E} d(f(t), g(t)), \quad f, g \in F(E, X),$$

wird — wie man sich leicht überzeugt — $F(E, X)$ ein fastmetrischer Raum.

Es existiert eine kanonische isometrische Abbildung $i: X \to F(E, X)$ definiert durch $i(x)(e) = x$ für alle $x \in X$ und $e \in E$.

Lemma 3.1. *Es ist $i(X)$ abgeschlossene Teilmenge von $F(E, X)$.*

Beweis: Wir zeigen, das Komplement von $i(X)$ ist offen. Sei $f \notin i(X)$, d.h., f ist nicht konstant, d.h., es gibt $t_1, t_2 \in E$ mit $f(t_1) \neq f(t_2)$. Sei $\varepsilon =$

$\frac{1}{2}d(f(t_1), f(t_2))$, also $\varepsilon > 0$. Um zu beweisen $F(E, X) - i(X)$ ist offen, zeigen wir
$$U(f, \varepsilon) \subset F(E, X) - i(X).$$
Aus $D(f, g) < \varepsilon$ folgt
$$d(f(t_1), g(t_1)) < \varepsilon, \quad d(f(t_2), g(t_2)) < \varepsilon.$$
Folglich gilt $g(t_1) \neq g(t_2)$, denn andernfalls wäre $d(f(t_1), f(t_2)) < 2\varepsilon$. Also ist g nicht-konstant, q.e.d.

Wir identifizieren X oft mit seinem Bild $i(X)$ in $F(E, X)$. Die Metrik auf $F(E, X)$ bezeichnen wir dann auch mit d anstatt mit D, denn D ist ja eine kanonische Fortsetzung von d.

Korollar 3.2. $F(E, X)$ *vollständig* $\Rightarrow X$ *vollständig*.

Beweis: Lemma 2.2.

Es gilt auch die Umkehrung:

Lemma 3.3. *Ist X vollständig, so ist auch $F(E, X)$ vollständig*.

Beweis: Sei $\{f_n\}$ Cauchy-Folge in $F(E, X)$, d. h., für alle $\varepsilon > 0$ gibt es ein n_0, so daß $D(f_n, f_m) < \varepsilon$ für alle $n, m > n_0$; für alle $t \in E$ gilt dann $d(f_n(t), f_m(t)) < \varepsilon$. Also ist für alle t die Folge $\{f_n(t)\}$ eine Cauchy-Folge in X.

Nach Voraussetzung konvergiert $\{f_n(t)\}$. Wir können daher eine Funktion $f: E \to X$ definieren durch
$$f(t) = \lim_{m \to \infty} f_m(t).$$

Wir haben noch zu zeigen: Die Folge $\{f_n\}$ konvergiert gegen f.

Wegen der Stetigkeit von d und $d(f_n(t), f_m(t)) < \varepsilon$ für alle $m, n > n_0$ und alle t folgt mit m gegen ∞ aus der Definition von $f(t)$: Für alle $\varepsilon > 0$ gibt es ein n_0, so daß für $n > n_0$ und alle $t \in E$ gilt
$$d(f_n(t), f(t)) \leq \varepsilon,$$
d.h.
$$\sup_{t \in E} d(f_n(t), f(t)) \leq \varepsilon, \quad \text{q.e.d.}$$

Konvergenz einer Folge $\{f_n\}$ in $F(E, X)$ ist *gleichmäßige Konvergenz* (im Sinne der Infinitesimalrechnung). Gleichmäßige Konvergenz impliziert natürlich punktweise Konvergenz. (Eine Folge $\{f_n\}$ in $F(E, X)$ heißt punktweise konvergent, wenn für alle $t \in E$ die Folge $\{f_n(t)\}$ konvergiert.)

Sei E ein topologischer Raum, (X, d) ein metrischer Raum. Es bezeichne $C(E, X)$ den Raum der stetigen Abbildungen von E in X.

Eine Abbildung $f: E \to X$ heiße stetig in $t \in E$, falls es für alle $\varepsilon > 0$ eine Umgebung U von t gibt mit $f(U) \subset U(f(t), \varepsilon)$. Ist f stetig in allen t, so nennt man f stetig. Wie bei metrischen Räumen (Lemma 1.9) ist f stetig genau dann, wenn das Urbild jeder offenen Menge von X offen in E ist.

Satz 3.4. *Es ist $C(E, X)$ abgeschlossene Teilmenge von $F(E, X)$.*

Beweis: Sei $C_t(E, X)$ die Menge aller Funktionen $f: E \to X$, die in t stetig sind. Es gilt
$$C(E, X) = \bigcap_{t \in E} C_t(E, X).$$
Es genügt also, folgendes Lemma zu zeigen.

Lemma 3.5. *Es ist $C_t(E, X)$ abgeschlossene Teilmenge von $F(E, X)$.*

Beweis: Wir zeigen, $F(E, X) - C_t(E, X)$ ist offen. Ist f aus dieser Menge, also nicht stetig in t, so gilt: Es gibt ein $\varepsilon > 0$, so daß für jede Umgebung U von t ein $t' \in U$ existiert mit $d(f(t'), f(t)) \geq \varepsilon$. Sei nun $g \in U(f, \tfrac{1}{3}\varepsilon)$. Dann gilt
$$d(g(t), f(t)) < \tfrac{1}{3}\varepsilon \quad \text{und} \quad d(g(t'), f(t')) < \tfrac{1}{3}\varepsilon,$$
d.h. es gibt ein $\varepsilon > 0$, so daß für alle Umgebungen U von t ein $t' \in U$ existiert mit $d(g(t'), g(t)) \geq \tfrac{1}{3}\varepsilon$ (denn aus $d(g(t'), g(t)) < \tfrac{1}{3}\varepsilon$ würde folgen $d(f(t'), f(t)) < \varepsilon$). Also ist g nicht stetig in t, also
$$U(f, \tfrac{1}{3}\varepsilon) \subset F(E, X) - C_t(E, X), \quad \text{q.e.d.}$$

Korollar 3.6. *Ist X vollständig, so ist auch $C(E, X)$ vollständig.*

Beweis: 2.2, 3.3 und 3.4.

Der nun folgende Satz von ARZELA-ASCOLI wird nur in Kapitel VII benötigt und kann beim ersten Lesen überschlagen werden.

Definition 3.7. *Der metrische Raum X heißt präkompakt, wenn es für alle $\varepsilon > 0$ endlich viele Elemente $x_1, \ldots, x_k \in X$ gibt mit*
$$X = \bigcup_{i=1}^{k} U(x_i, \varepsilon).$$

Lemma 3.8. *Sei X metrischer Raum. Dann ist X genau dann kompakt, wenn X präkompakt und vollständig ist.*

Beweis: Aus der Kompaktheit folgt trivial die Präkompaktheit. Ist X kompakt, so ist nach Anhang I der Raum X abgeschlossen in $\widehat{X}$, also ist $X = \widehat{X}$, also ist X vollständig.

Um das Umgekehrte zu zeigen, nehmen wir an:

$$X = \bigcup_{i \in I} V_i, \quad V_i \text{ offen,}$$

und X ist nicht Vereinigung von endlich vielen der V_i. Dann konstruieren wir für jedes $n \in \mathbf{N}$ ein

$$U_n = U\left(x_n, \frac{1}{2^n}\right), \quad n = 1, 2, \ldots$$

mit $U_n \cap U_{n-1} \neq \emptyset$ und so, daß U_n nicht von endlich vielen der V_i überdeckt wird. Nach Voraussetzung ist X Vereinigung endlich vieler offener Kugeln mit dem Radius $\frac{1}{2}$. Es gibt also eine solche Kugel $U_1 = U(x_1, \frac{1}{2})$, die nicht von endlich vielen der V_i überdeckt wird. Nach Voraussetzung wird U_1 überdeckt von endlich vielen Kugeln vom Radius $\frac{1}{2^2}$. Also existiert $U_2 = U(x_2, \frac{1}{4})$ mit $U_1 \cap U_2 \neq \emptyset$ und U_2 wird nicht von endlich vielen V_i überdeckt. Diese Konstruktion wird induktiv fortgesetzt. Die Folge $\{x_n\}_{n=1,2,\ldots}$ ist Cauchy-Folge, nach Voraussetzung also konvergent. Ihr Limes x liegt in einem V_{i_0}, also gilt $U_n \subset V_{i_0}$ für genügend großes n. Widerspruch!

Lemma 3.9. *Sei X ein metrischer Raum und A ein Teilraum. A ist genau dann präkompakt, wenn $\bar{A}$ präkompakt ist. A ist genau dann relativkompakt, wenn A präkompakt und $\bar{A}$ vollständig ist.*

Beweis: Ist A präkompakt, so gibt es zu $\varepsilon > 0$ endlich viele Punkte $a_i \in A$ mit $\bigcup_i U(a_i, \varepsilon/2) \supset A$. Dann gilt $\bigcup_i U(a_i, \varepsilon) \supset \bar{A}$. Ist $\bar{A}$ präkompakt, so gibt es zu $\varepsilon > 0$ endlich viele Punkte $a_i \in \bar{A}$, so daß $\bigcup_i U(a_i, \varepsilon/2) \supset A$. Wähle $b_i \in A$ mit $d(a_i, b_i) < \varepsilon/2$. Dann gilt $U(b_i, \varepsilon) \supset U(a_i, \varepsilon/2)$, also überdecken die $U(b_i, \varepsilon)$ ganz A. Die zweite Behauptung des Lemmas folgt unmittelbar aus dem schon bewiesenen und dem letzten Lemma.

Satz 3.10 (ARZELA-ASCOLI). *Sei E kompakter topologischer Raum, (X, d) metrischer Raum und $C(E, X)$ der Raum der stetigen Funktionen von E in X. Sei $H \subset C(E, X)$. Dann gilt:*

H ist relativ-kompakt

⇔ (i) *H ist gleichgradig stetig*
  (ii) *für alle $e \in E$ ist $H(e) = \{f(e) \mid f \in H\}$ relativ-kompakt in X.*

Dabei heißt „H ist gleichgradig stetig": Für alle $e \in E$ und $\varepsilon > 0$ gibt es eine Umgebung U_e von e, so daß $d(f(c), f(e)) < \varepsilon$ für alle $c \in U_e$ und alle $f \in H$.

Beweis: „⇒" (Für diesen Teil der Behauptung wird die Kompaktheit von E nicht gebraucht.) Wir zeigen zunächst:

(i) H ist gleichgradig stetig.

Es seien $e \in E$ und $\varepsilon > 0$ vorgegeben. H ist relativ-kompakt, also präkompakt. Also gibt es $f_1, \ldots, f_k \in H$ mit $d(f, f_i) < \varepsilon/3$ für alle $f \in H$ und geeignetes i. Wir betrachten die offene Menge

$$U_e = \left\{ c \mid d(f_i(c), f_i(e)) < \frac{\varepsilon}{3} \text{ für alle } i \right\}.$$

Dann gilt für alle $c \in U_e$, alle $f \in H$ und ein geeignetes i, das von f abhängt,

$$d(f(c), f(e)) \leq d(f(c), f_i(c)) + d(f_i(c), f_i(e)) + d(f_i(e), f(e))$$
$$< \frac{\varepsilon}{3} + \frac{\varepsilon}{3} + \frac{\varepsilon}{3}.$$

Wir zeigen nun:

(ii) Für alle $e \in E$ ist $H(e)$ relativ-kompakt.

Offenbar folgt aus H präkompakt, daß $H(e)$ präkompakt ist. Nach dem letzten Lemma bleibt zu zeigen, daß $\overline{H(e)}$ vollständig ist. Sei $\{f_i(e)\}_{i=1,2,\ldots}$ eine Cauchy-Folge in X mit $f_i \in H$. Da H relativ-kompakt ist, besitzt $\{f_i\}$ eine in $C(E, X)$ konvergente Teilfolge; also konvergiert auch die entsprechende Teilfolge von $\{f_i(e)\}$ in X und damit die Folge $\{f_i(e)\}$ selbst. Nach 2.4 ist $\overline{H(e)}$ vollständig.

„⇐" Wir beweisen wieder unter Verwendung von 2.4 zunächst:

(i) $\overline{H}$ ist vollständig. (Um das zu beweisen, braucht man weder die Kompaktheit von E noch die gleichgradige Stetigkeit von H.)

Es sei $\{f_i\}_{i=1,2,\ldots}$ eine Cauchy-Folge, $f_i \in H$. Nach Voraussetzung ist $H(e)$ relativ-kompakt, $\{f_i(e)\}$ enthält also eine konvergente Teilfolge. Da $\{f_i(e)\}$ eine Cauchy-Folge ist, ist sie konvergent. Sei $g(e) = \lim f_i(e)$.

Wir zeigen jetzt, daß $\lim f_i = g$ in $F(E, X)$. Da nach 3.4 der Raum $C(E, X)$ in $F(E, X)$ abgeschlossen ist, folgt dann die Behauptung.

Sei also $\varepsilon > 0$ gegeben und i_0 so gewählt, daß $d(f_i, f_j) < \varepsilon$ für alle $i, j \geq i_0$. Für genügend großes (von t abhängiges) j gilt also

$$d(f_i(t), g(t)) \leq d(f_i(t), f_j(t)) + d(f_j(t), g(t)) \leq 2\varepsilon,$$

also $d(f_i, g) \leq 2\varepsilon$, also $\lim f_i = g$.

(ii) H ist präkompakt.

Wir arbeiten mit denselben U_ϱ, e_ϱ wie in (i). Nach Voraussetzung ist $H(e_\varrho)$ relativ-kompakt, also ist

$$K = \bigcup_{\varrho=1}^{k} H(e_\varrho)$$

relativ-kompakt, also präkompakt. Also wird K überdeckt von endlich vielen $\varepsilon/6$-Kugeln:

$$K \subset \bigcup_{j=1}^{m} U\left(b_j, \frac{\varepsilon}{6}\right).$$

Wir betrachten folgende Menge von Abbildungen

$$\Phi = \{\varphi : \{1, \ldots, k\} \to \{1, \ldots, m\}\}.$$

Für $\varphi \in \Phi$ definieren wir offene Mengen

$$L_\varphi = \left\{ f \in H \,\middle|\, d(f(e_i), b_{\varphi(i)}) < \frac{\varepsilon}{6} \text{ für } i = 1, \ldots, k \right\}.$$

Offenbar gilt $H = \bigcup_{\varphi \in \Phi} L_\varphi$. Es genügt jetzt zu zeigen, daß zwei Elemente $f, g \in L_\varphi$ höchstens den Abstand ε haben, d.h.

$$d(f(c), g(c)) < \varepsilon \text{ für alle } c \in E.$$

Sei $c \in U_{e_i}$, dann schätzen wir so ab:

$$d(f(c), g(c)) \leq d(f(c), f(e_i)) + d(f(e_i), b_{\varphi(i)})$$
$$+ d(b_{\varphi(i)}, g(e_i)) + d(g(e_i), g(c))$$
$$< \frac{\varepsilon}{3} + \frac{\varepsilon}{6} + \frac{\varepsilon}{6} + \frac{\varepsilon}{3}, \quad \text{q.e.d.}$$

Meistens spricht man den Satz von ARZELA-ASCOLI in folgender Form aus:

Korollar 3.11. *Sei X kompakter topologischer Raum und $H \subset C(X, \mathbb{C})$. Dann gilt*

H relativ kompakt $\Leftrightarrow H$ gleichgradig stetig und H beschränkt.

(Eine Teilmenge eines fastmetrischen Raumes heißt beschränkt, wenn sie in einer genügend großen Kugel $U(x, c)$, $c < \infty$, enthalten ist.)

Beweis: Ist H beschränkt, so sind natürlich alle $H(x)$ relativ kompakt in $\mathbb{C}$. Sind umgekehrt alle $H(x)$ relativ kompakt, so folgt aus der gleichgradigen Stetigkeit von H und der Kompaktheit von X, daß H beschränkt ist, q.e.d.

§ 4. Der Satz von Baire

Sei X ein topologischer Raum. Eine Teilmenge A von X heißt *dicht* (in X), falls $\bar{A} = X$. Sie heißt *nirgends dicht*, falls $\bar{A}$ keine inneren Punkte enthält, d.h. $\overset{\circ}{\bar{A}} = \emptyset$.

Die ε-Umgebungen $U(x, \varepsilon)$ in einem metrischen Raum haben wir offene Kugeln genannt. Die Punktmengen $K(x_0, \varepsilon) = \{x \in X \mid d(x, x_0) \leq \varepsilon\}$ nennen wir abgeschlossene Kugeln. Beachte, daß $K(x_0, \varepsilon)$ im allgemeinen nicht die abgeschlossene Hülle von $U(x_0, \varepsilon)$ ist.

Lemma 4.1. *Sei (X, d) metrischer Raum. Dann gilt*

(i) $A \subset X$ *nirgends dicht* $\Leftrightarrow \bar{A}$ *enthält keine offene Kugel.*

(ii) *Ist A abgeschlossen, so ist A nirgends dicht genau dann, wenn jede offene Kugel nichtleeren Durchschnitt mit $X - A$ hat.*

Beweis: Klar!

Lemma 4.2. *Sei (X, d) vollständiger metrischer Raum und $\{E_i\}_{i=1,2,...}$ eine Folge abgeschlossener Kugeln $E_i = K(x_i, \varepsilon_i)$ mit $\lim \varepsilon_i = 0$ und $E_1 \supset E_2 \supset ...$*

Dann gibt es genau ein $x \in X$ mit $\bigcap_{i=1}^{\infty} E_i = \{x\}$.

Beweis: $\{x_i\}$ ist Cauchy-Folge, denn für $j \geq i$ gilt $d(x_i, x_j) \leq \varepsilon_i$, und $\{\varepsilon_i\}$ ist Nullfolge. Sei $x := \lim_{i \to \infty} x_i$. Es gilt $x \in \bigcap_i E_i$, denn aus $d(x_i, x_j) \leq \varepsilon_i$ folgt wegen der Stetigkeit von d, daß $d(x_i, x) \leq \varepsilon_i$. Ist $y \in \bigcap_i E_i$, so gilt $d(x, y) \leq d(x, x_i) + d(x_i, y) \leq 2\varepsilon_i$, also $x = y$.

Satz 4.3 (BAIRE). *Sei (X, d) vollständiger metrischer Raum, und A_1, $A_2, ...$ seien abgeschlossene Teilmengen von X. Es enthalte $\bigcup_i A_i$ eine offene Kugel. Dann gibt es ein i, so daß A_i eine offene Kugel enthält.*

Eine äquivalente Aussage ist:

Die Vereinigung abzählbar vieler nirgends dichter abgeschlossener Mengen hat keine inneren Punkte.

Beweis: Sei $U_0 = U(x_0, \varepsilon_0)$ enthalten in $\bigcup A_i$. Wir führen folgende Annahme zum Widerspruch:

Für alle $\varepsilon > 0$ und $x \in X$ und $i \in \mathbb{N}$ gilt $(X - A_i) \cap U(x, \varepsilon) \neq \emptyset$.

$(X - A_1) \cap U_0$ ist offen und nach Annahme nicht leer. Also gibt es eine abgeschlossene Kugel $K_1 := K(x_1, \varepsilon_1)$; $0 < \varepsilon_1 < 1$ mit $K_1 \subset (X - A_1) \cap U_0$.

Dann ist $(X-A_2) \cap U(x_1, \varepsilon_1)$ offen und nach Annahme nicht leer. Also gibt es eine abgeschlossene Kugel $K_2 := K(x_2, \varepsilon_2)$; $0 < \varepsilon_2 < \frac{1}{2}$ mit $K_2 \subset (X-A_2) \cap U(x_1, \varepsilon_1)$, also $K_2 \subset K_1$.

Dieses Verfahren setzen wir induktiv fort:

Es gibt eine abgeschlossene Kugel $K_i := K(x_i, \varepsilon_i)$; $0 < \varepsilon_i < 1/i$ mit $K_i \subset (X-A_i) \cap U(x_{i-1}, \varepsilon_{i-1})$, also $K_i \subset K_{i-1}$.

Die Folge $\{K_i\}_{i=1,2,\ldots}$ erfüllt die Voraussetzungen von Lemma 4.2. Es gibt also ein $x \in X$ mit $\bigcap_i K_i = \{x\}$. Dann gilt:

$$x \in \bigcap_i (X-A_i) = X - \bigcup_i A_i, \quad \text{also} \quad x \notin \bigcup_i A_i.$$

Andererseits ist aber $x \in K_1 \subset U_0 \subset \bigcup_i A_i$. Widerspruch!

Aus dem Satz von BAIRE folgt ein „*Prinzip über gleichmäßige Beschränktheit*":

Ist X eine Menge und F eine Menge von Funktionen $X \to \mathbb{R}$, so heißt F *punktweise gleichmäßig beschränkt*, wenn es für alle $x \in X$ eine Konstante K_x gibt mit $f(x) \leq K_x$ für alle $f \in F$.

Satz 4.4. *Sei (X, d) vollständiger metrischer Raum. Sei $F \subset C(X, \mathbb{R})$ punktweise gleichmäßig beschränkt. Dann gibt es eine offene Kugel U in X und eine Konstante C mit*

$$f(x) \leq C \quad \text{für alle } x \in U \text{ und } f \in F.$$

Beweis: Definiere

$$A_n = \{x \in X \mid f(x) \leq n \text{ für alle } f \in F\}.$$

A_n ist als Durchschnitt abgeschlossener Mengen abgeschlossen:

$$A_n = \bigcap_{f \in F} f^{-1}((-\infty, n\rangle).$$

Da F punktweise gleichmäßig beschränkt ist, gilt

$$\bigcup_{n=1}^{\infty} A_n = X.$$

Nach dem Satz von BAIRE gibt es daher ein $m \in \mathbb{N}$ und eine offene Kugel U in X mit $U \subset A_m$, also $f(x) \leq m$ für alle $x \in U$ und $f \in F$, q.e.d.

Zu weiteren Anwendungen des Baireschen Satzes kommen wir in den Paragraphen 8 und 9.

Der Satz von Baire

Übungsaufgabe

Es sei (X, d) ein vollständiger metrischer Raum und $T: X \to X$ eine kontrahierende Abbildung, d.h. es gibt ein θ mit $0 \leq \theta < 1$ und

$$d(T(x), T(y)) \leq \theta \, d(x, y) \quad \text{für alle} \quad x, y \in X.$$

Dann gibt es genau ein $x \in X$ mit $T(x) = x$. (Wähle x_0 beliebig und definiere $x_i = T(x_{i-1})$. Zeige $\{x_i\}$ konvergiert, und der Limes ist das gesuchte x.)

KAPITEL II

Normierte Räume

In diesem Kapitel kommen wir zu den eigentlichen Gegenständen der Funktionalanalysis, nämlich den normierten linearen Räumen und den stetigen linearen Abbildungen zwischen solchen Räumen. Drei fundamentale Prinzipien werden bewiesen: die Hahn-Banach-Sätze, das Prinzip der offenen Abbildung und das Prinzip der gleichmäßigen Beschränktheit. Im folgenden bezeichne $\mathbb{K}$ entweder den Körper $\mathbb{R}$ der reellen oder den Körper $\mathbb{C}$ der komplexen Zahlen. Mit der Abstandsfunktion $d(x, y) = |x - y|$ wird $\mathbb{K}$ zu einem vollständigen metrischen Raum.

§ 5. Topologische Vektorräume, normierte Räume, normierte Algebren

Definition 5.1. *Sei X ein $\mathbb{K}$-Vektorraum und außerdem ein topologischer Raum. Dann heißt X topologischer $\mathbb{K}$-Vektorraum, wenn Addition und Multiplikation mit Skalaren stetig sind, d.h., die Abbildungen*

$$X \times X \to X, \quad (x, y) \mapsto x + y$$
$$\mathbb{K} \times X \to X, \quad (a, x) \mapsto a x$$

sind stetig. (Beachte, daß $X \times X$ und $\mathbb{K} \times X$ wieder topologische Räume sind.)

Stetigkeit der Addition im Punkt (x_0, y_0) heißt: Zu jeder Umgebung V von $x_0 + y_0$ existiert eine Umgebung U von x_0 und eine Umgebung U' von y_0, so daß

$$U + U' = \{x + y \mid x \in U, y \in U'\} \subset V.$$

Die Definition des topologischen Vektorraumes besagt, daß die topologische und algebraische Struktur von X miteinander verträglich sind. Das führt z.B. auch zu:

Lemma 5.2. *Sei X topologischer $\mathbb{K}$-Vektorraum und L Untervektorraum von X. Dann ist die abgeschlossene Hülle $\bar{L}$ ebenfalls Untervektorraum.*

Beweis: Es seien $x_0, y_0 \in \bar{L}$. Wir haben zu zeigen: $x_0 + y_0 \in \bar{L}$. Das ist gleichbedeutend mit: Zu jeder Umgebung V von $x_0 + y_0$ gibt es ein $l \in L \cap V$.

Aus der Stetigkeit der Addition folgt nach der obigen Bemerkung: Es gibt Umgebungen U von x_0 und U' von y_0 mit $x + y \in V$, falls $x \in U$, $y \in U'$. Wegen $x_0, y_0 \in \bar{L}$ kann man $x \in U \cap L$ und $y \in U' \cap L$ wählen. Dann

Topologische Vektorräume, normierte Räume, normierte Algebren 25

ist $x+y$ das gesuchte l. Ferner ist zu zeigen, daß für $a \in \mathbb{K}$ und $x \in \bar{L}$ auch $ax \in \bar{L}$ gilt. Für $a=0$ ist das klar. Ist $a \neq 0$, so ist

$$M_a: X \to X; \quad x \mapsto ax$$

ein Homöomorphismus. Also ist $\bar{L} = \overline{M_a(L)} = M_a(\bar{L})$, q.e.d.

Lemma 5.3. *Es seien X und Y topologische Vektorräume. Die Abbildung $T: X \to Y$ sei linear. Dann sind folgende Aussagen gleichwertig:*

(i) *T ist stetig.*

(ii). *T ist stetig in 0.*

(iii) *T ist stetig in einem beliebigen Punkt x von X.*

Beweis: „(i) $\Rightarrow$ (ii)" ist trivial.

„(ii) $\Rightarrow$ (iii)" Für $x \in X$ definieren wir die Translation

$$L_x: X \to X; \quad y \mapsto x+y.$$

Nach Definition ist L_x ein Homöomorphismus. Es ist

$$T(x+y) = T(x) + T(y) = (L_{T(x)} \circ T)(y) = T \circ L_x(y),$$

also ist $T = L_{T(x)} \circ T \circ L_{-x}$, also ist T stetig in x.

Damit ist auch „(ii) $\Rightarrow$ (i)" bewiesen, und „(iii) $\Rightarrow$ (ii)" wird genauso gezeigt.

Sind X und Y topologische Vektorräume, so bezeichne $L(X, Y)$ die Menge der stetigen linearen Abbildungen von X in Y. Dann ist $L(X, Y)$ selbst ein Vektorraum. Insbesondere haben wir mit

$$X' := L(X, \mathbb{K})$$

den sogenannten *Dualraum* von X. Mit der „Hintereinanderschaltung" als Multiplikation ist $L(X, X) = \text{End}(X)$ eine $\mathbb{K}$-Algebra (vgl. 5.11). Die Elemente von $L(X, X)$ werden — insbesondere in den Kapiteln VII bis X — oft auch „stetige Operatoren auf X" oder einfach „Operatoren auf X" genannt.

Ähnlich wie bei topologischen Räumen kann es sein, daß die Topologie in X von einer Metrik kommt. Wir definieren noch einschränkender:

Definition 5.4. *Sei X ein $\mathbb{K}$-Vektorraum. Eine Abbildung $\| \ \|: X \to \mathbb{R}$ heißt Norm, falls*

(i) $\|x\| \geqq 0$ *für alle* $x \in X$; $\|x\| = 0 \Leftrightarrow x = 0$.

(ii) $\|ax\| = |a| \cdot \|x\|$ *für alle* $a \in \mathbb{K}$, $x \in X$.

(iii) $\|x+y\| \leqq \|x\| + \|y\|$ *für alle* $x, y \in X$ (*Dreiecksungleichung*).

Ein Paar $(X, \|\ \|)$, bestehend aus einem $\mathbb{K}$-*Vektorraum und einer Norm, heißt normierter* $\mathbb{K}$-*Vektorraum oder einfach normierter Raum.*

Gilt statt (i) nur (i'): $\|x\| \geq 0$ für alle $x \in X$, so spricht man von einer Halbnorm.

Satz 5.5. *Ein normierter Raum* $(X, \|\ \|)$ *ist in kanonischer Weise ein metrischer Raum* $(X, d_{\|\ \|})$. *Die durch die Metrik definierte Topologie macht* X *zu einem topologischen Vektorraum.*

Beweis: Definiere $d_{\|\ \|}(x, y) = \|x - y\|$. Man verifiziert unmittelbar, daß $d_{\|\ \|}$ eine Metrik ist. Die Addition ist gleichmäßig stetig, wie aus der Ungleichung

$$\|(x+y) - (x'+y')\| \leq \|x' - x\| + \|y' - y\|$$

folgt. Die Stetigkeit der Multiplikation mit Skalaren (nicht gleichmäßige Stetigkeit) folgt ganz entsprechend aus der Abschätzung

$$\|a'x' - ax\| = \|a'(x' - x) + (a' - a)x\|$$
$$\leq |a'|\|x' - x\| + |a' - a|\|x\|.$$

Es seien X, Y normierte Räume. Wir wissen schon: Eine lineare Abbildung $T: X \to Y$ ist stetig genau dann, wenn sie im Nullpunkt stetig ist.

Lemma 5.6. T *ist stetig in* $0 \Leftrightarrow$ *Es gibt eine reelle Zahl* $C \geq 0$ *mit* $\|T(x)\| \leq C\|x\|$ *für alle* $x \in X$.

(Ist diese Bedingung erfüllt, so heißt die lineare Abbildung T auch *beschränkt*.)

Beweis: „$\Leftarrow$" klar. „$\Rightarrow$" Zu $\varepsilon = 1$ gibt es ein $\delta > 0$ mit $\|x\| < \delta \Rightarrow$ $\|T(x)\| < 1$. Für $x \neq 0$ gilt dann $\left\|T\left(\frac{1}{2}\delta \frac{1}{\|x\|} x\right)\right\| < 1$, also $\frac{1}{2\|x\|}\delta\|T(x)\|$ < 1, also $\|T(x)\| \leq \frac{2}{\delta}\|x\|$. Da diese Abschätzung auch für $x = 0$ gilt, ist mit $C = \frac{2}{\delta}$ die Konstante gefunden.

Ist die lineare Abbildung T beschränkt, so ist folgende Teilmenge von $\mathbb{R}$ beschränkt:

$$\left\{\frac{1}{\|x\|}\|T(x)\|\ \Big|\ x \in X - \{0\}\right\}.$$

Die folgende Definition ist **sehr** wichtig:

Definition 5.7. *Die reelle Zahl*

$$\|T\| = \sup_{x \neq 0} \frac{1}{\|x\|}\|T(x)\|$$

heißt Norm der stetigen linearen Abbildung T.

Topologische Vektorräume, normierte Räume, normierte Algebren 27

(Die Berechtigung der Bezeichnung „Norm" wird sich in Paragraph 7 herausstellen.)
Aus der Linearität von T folgt:
$$\|T\| = \sup_{\|x\|=1} \|T(x)\| = \sup_{\|x\|\leq 1} \|T(x)\|.$$

Lemma 5.8. *Sei* $T: X \to Y$ *lineare beschränkte Abbildung. Dann gilt für alle* $x \in X$:
$$\|T(x)\| \leq \|T\|\,\|x\|.$$
Beweis: Klar!

Definition 5.9. *Ein vollständiger normierter Raum heißt Banach-Raum.*
(Vollständig heißt natürlich „vollständig bez. der durch die Norm gegebenen Metrik".)

Der Begriff des Banach-Raumes (in der Literatur oft einfach B-Raum) ist fundamental für die gesamte Funktionalanalysis.

Ein wichtiges Beispiel für einen Banach-Raum ist der Raum $C(X, \mathbb{R})$ (oder auch $C(X, \mathbb{C})$), wobei X ein kompakter topologischer Raum ist. Man verifiziert unmittelbar, daß
$$\|f\| = \sup_{x \in X} |f(x)|$$
eine Norm ist, und die Vollständigkeit haben wir schon früher bewiesen (Korollar 3.6), denn die zu dieser Norm gehörige Metrik (siehe 5.5) ist die in § 3 betrachtete Metrik.

Wir zeigen noch kurz, wie sich die aus den Vorlesungen über „Analytische Geometrie" bekannten Begriffe „Quotientenraum" und „direktes Produkt" auf normierte Räume übertragen:

Es sei X ein normierter Raum und M ein *abgeschlossener* Unterraum. Dann definiert M eine Äquivalenzrelation für die Punkte von X:
$$x \sim y \Leftrightarrow x - y \in M.$$
Die Menge der Äquivalenzklassen ist offenbar wieder ein Vektorraum, der mit X/M bezeichnet wird. Für $x \in X$ sei $\bar{x} = x + M \in X/M$ die durch x repräsentierte Äquivalenzklasse.

Lemma 5.10. *Die Abbildung*
$$\bar{x} \mapsto \|\bar{x}\| := \inf_{y \in M} \|x + y\|$$
ist eine Norm auf X/M. *Die kanonische Abbildung* $X \to X/M$ *ist stetig, hat Norm* ≤ 1 *und bildet offene Mengen auf offene Mengen ab (d. h. ist „offen").*
Ist X *ein Banach-Raum, so ist auch* X/M *ein Banach-Raum.*

Beweis: Es ist klar, daß $\|\bar{x}\| \geq 0$. Ist $\|\bar{x}\| = 0$, so hat man eine gegen x konvergente Folge $\{y_i\}$ in M. Da M abgeschlossen ist, folgt $x \in M$, d.h. $\bar{x} = 0$. Ferner hat man für $a \in K$ und $a \neq 0$

$$\|a\bar{x}\| = \inf_{y \in M} \|ax + y\| = \inf_{y \in M} \|ax + ay\| = |a| \inf_{y \in M} \|x + y\|$$

und für $x, z \in X$

$$\|\bar{x} + \bar{z}\| = \inf_{y \in M} \|x + z + y\| = \inf_{y,y' \in M} \|x + z + y + y'\|$$
$$\leq \inf_{y \in M} \|x + y\| + \inf_{y' \in M} \|z + y'\|.$$

Natürlich ist $\|\bar{x}\| \leq \|x\|$, d.h., die kanonische Abbildung $X \to X/M$ hat Norm ≤ 1, ist insbesondere also stetig.

Es sei $V \subset X$ offen, $x \in V$ und $U(x, \varepsilon) \subset V$. Wir zeigen $U(\bar{x}, \varepsilon) \subset V + M$, d.h., das Bild von V in X/M ist offen. Es sei

$$z + M \in U(\bar{x}, \varepsilon), \quad \text{d.h.} \quad \inf_{y \in M} \|x - z + y\| < \varepsilon.$$

Es gibt also ein $y \in M$ mit $\|x - z + y\| < \varepsilon$. Es folgt $z + M = (z - y) + M$, wobei $z - y \in U(x, \varepsilon) \subset V$. Also liegt jedes Element $\bar{z} = z + M$ von $U(\bar{x}, \varepsilon)$ im Bilde von V.

Sei X Banach-Raum. Für $\bar{x}, \bar{y} \in X/M$ gibt es $x \in \bar{x}$, $y \in \bar{y}$ mit $\|x - y\| < 2\|\bar{x} - \bar{y}\|$, wie unmittelbar aus der Definition der Norm auf X/M folgt. Sei $\{\bar{x}_n\}_{n=1,2,\ldots}$ eine Cauchy-Folge. Wähle $x_1 \in \bar{x}_1$ und bestimme die Folge $\{x_n\}$ induktiv derart, daß $\|x_{n-1} - x_n\| < 2\|\bar{x}_{n-1} - \bar{x}_n\|$. Aus dieser Ungleichung und der Dreiecksungleichung folgt

$$\|x_n - x_{n+k}\| < 2 \sum_{i=1}^{k} \|\bar{x}_{n+i-1} - \bar{x}_{n+i}\|.$$

Ist $\sum_{n=1}^{\infty} \|\bar{x}_n - \bar{x}_{n+1}\| < \infty$, so folgt, daß $\{x_n\}$ Cauchy-Folge ist, also konvergiert. Der Grenzwert x repräsentiert den Grenzwert $\bar{x}$ von $\{\bar{x}_n\}$. Ist $\sum \|\bar{x}_n - \bar{x}_{n+1}\|$ nicht konvergent, so wählen wir eine Teilfolge $\{x_{n_k}\}$, so daß die entsprechende Reihe konvergiert. Der Grenzwert, der mittels dieser Teilfolge bestimmt wird, liefert den Limes von $\{\bar{x}_n\}$, q.e.d.

Sind $(X_1, \|\ \|_1)$ und $(X_2, \|\ \|_2)$ normierte Räume, so wird das kartesische Produkt $X_1 \times X_2$ durch die Definition $\|(x_1, x_2)\| = \|x_1\| + \|x_2\|$ zu einem normierten Raum. Man sieht leicht, daß die Normtopologie mit der Produkttopologie übereinstimmt. Die Metrik der Norm von $X_1 \times X_2$ kann natürlich gemäß §1 auch aus den Metriken von X_1 und X_2 erhalten werden.

Viele wichtige normierte Räume, z.B. die Räume $C(X, \mathbb{R})$, haben noch zusätzlich eine Algebra-Struktur. (Wir wiederholen diesen Begriff: Eine $\mathbb{K}$-Algebra A ist ein nicht notwendig kommutativer Ring mit 1 und außerdem ein $\mathbb{K}$-Vektorraum, wobei die Multiplikation in A und die Multiplikation mit Skalaren durch folgendes Axiom miteinander in Beziehung gebracht werden:

$$\lambda(xy) = (\lambda x)y = x(\lambda y) \quad \text{für alle} \quad \lambda \in \mathbb{K}, \ x, y \in A.)$$

Definition 5.11. *Es sei A eine $\mathbb{K}$-Algebra. Der A zugrunde liegende Vektorraum sei mit einer Norm versehen. Dann heißt A normierte $\mathbb{K}$-Algebra, falls für alle $x, y \in A$ gilt $\|xy\| \leq \|x\| \|y\|$ und falls das Einselement von A die Norm 1 hat. Ist A vollständig, so heißt A Banach-Algebra.*

Man überzeuge sich davon, daß $C(X, \mathbb{K})$ eine normierte $\mathbb{K}$-Algebra ist.

Übungsaufgaben

1. Es sei X ein normierter Raum. Man zeige, daß die Komplettierung $\widehat{X}$ in kanonischer Weise ein Banach-Raum ist.

2. Ist $T: X \to Y$ stetige lineare Abbildung normierter Räume, so gibt es eine eindeutig bestimmte lineare Abbildung $\widehat{T}: \widehat{X} \to \widehat{Y}$ mit $\widehat{T}|_X = T$. Zeige $\|\widehat{T}\| = \|T\|$.

3. Zeige, daß der Banach-Raum $\widehat{X}$ zusammen mit der Injektion $i: X \to \widehat{X}$ durch folgende universelle Abbildungseigenschaft gekennzeichnet ist: Zu jedem Banach-Raum Y und jeder stetigen linearen Abbildung $f: X \to Y$ gibt es genau eine stetige lineare Abbildung $g: \widehat{X} \to Y$ mit $f = g \circ i$.

4. Es sei A Banach-Algebra und M abgeschlossenes zweiseitiges Ideal. Ist A/M eine Banach-Algebra? Verifiziere alle Axiome für A/M bis auf $\|1\| = 1$.

§ 6. Hahn-Banach-Sätze

Die in diesem Paragraphen bewiesenen Hahn-Banach-Sätze stellen eines der fundamentalen Prinzipien in der Funktionalanalysis dar. In ihnen wird die Existenz linearer (stetiger) Abbildungen $X \to \mathbb{K}$ mit gewissen zusätzlichen Eigenschaften bewiesen. (Für unendlich-dimensionales X wissen wir bisher nicht einmal, ob es überhaupt lineare Abbildungen $X \to \mathbb{K}$ gibt, die nicht gleich der Null-Abbildung sind.) Die hier gegebene Darstellung der Hahn-Banach-Sätze verdanken wir einer Mitteilung von H. KÖNIG.

Definition 6.1. *Sei X ein reeller Vektorraum. Eine Funktion $p: X \to \mathbb{R}$ heißt sublinear, falls*
(i) $p(\lambda x) = \lambda p(x)$ *für alle* $\lambda \geq 0$, $x \in X$,
(ii) $p(x+y) \leq p(x) + p(y)$ *für alle* $x, y \in X$.

Die Menge aller sublinearen Funktionen $p: X \to \mathbb{R}$ werde mit $\mathfrak{S}$ bezeichnet. In $\mathfrak{S}$ ist eine Ordnungsrelation definiert durch

$$p \leq p' \Leftrightarrow p(x) \leq p'(x) \quad \text{für alle} \quad x \in X.$$

(Man mache sich klar, wie der Graph einer sublinearen Funktion $\mathbb{R} \to \mathbb{R}$ aussieht!)

(Die im folgenden gebrauchten Begriffe „Ordnung", „induktiv geordnet", etc. sowie das Lemma von Zorn sind im Anhang II erklärt.)

Lemma 6.2. $\mathfrak{S}$ *ist nach unten induktiv geordnet, d.h., jede total-geordnete Teilmenge von $\mathfrak{S}$ hat in $\mathfrak{S}$ eine untere Schranke.*

Beweis: Sei $\{p_i\}_{i \in I}$ total-geordnete Teilmenge von $\mathfrak{S}$. Indem man die p_i auf die eindimensionalen Teilräume von X beschränkt, sieht man sofort:

$$p(x) = \inf_{i \in I} p_i(x)$$

ist größer als $-\infty$ für alle x. Als Infimum einer totalgeordneten Menge sublinearer Funktionen ist $p: X \to \mathbb{R}$ sublinear, und trivialerweise gilt $p \leq p_i$.

Lemma 6.3. *Sei $p \in \mathfrak{S}$. Dann ist p minimales Element von $\mathfrak{S}$ genau dann, wenn p linear ist.*

Beweis: „$\Leftarrow$" ist offensichtlich. „$\Rightarrow$" Sei $a \in X$. Definiere

$$p_a: X \to \mathbb{R}; \quad p_a(x) = \inf_{t \geq 0} (p(x+ta) - t p(a)).$$

Das Infimum existiert wegen

$$-p(-x) \leq p(x+ta) - t p(a) \leq p(x).$$

Offenbar gilt $p_a \leq p$. Wir zeigen nun, daß p_a sublinear ist:
(i)   Sei $\lambda > 0$. Dann gilt

$$\begin{aligned}
p_a(\lambda x) &= \inf_{t \geq 0} (p(\lambda x + ta) - t p(a)) \\
&= \inf_{t \geq 0} \left(\lambda \left(p\left(x + \frac{t}{\lambda} a\right) - \frac{t}{\lambda} p(a) \right) \right) \\
&= \lambda \inf_{t' \geq 0} (p(x + t' a) - t' p(a)); \quad t' = t \lambda^{-1} \\
&= \lambda p_a(x).
\end{aligned}$$

(ii) Für jedes positive ε gibt es nach Definition von inf nicht-negative Zahlen t_1, t_2 mit
$$p_a(x) \geqq p(x+t_1 a) - t_1 p(a) - \varepsilon$$
$$p_a(y) \geqq p(y+t_2 a) - t_2 p(a) - \varepsilon.$$
Mit $t = t_1 + t_2$ ergibt sich durch Addition dieser beiden Ungleichungen
$$p_a(x) + p_a(y) \geqq p(x+t_1 a) + p(y+t_2 a) - t p(a) - 2\varepsilon$$
$$\geqq p(x+y+t a) - t p(a) - 2\varepsilon$$
$$\geqq p_a(x+y) - 2\varepsilon.$$
Da ε beliebig war, ist der Beweis der Sublinearität beendet.

Nach Voraussetzung ist p minimales Element in $\mathfrak{S}$. Also gilt $p_a = p$, also insbesondere $(t=1)$:
$$p(x) + p(a) \leqq p(x+a) \leqq p(x) + p(a).$$
Also ist p additiv, also linear.

Satz 6.4 (HAHN-BANACH). *Sei X ein reeller Vektorraum und $p: X \to \mathbb{R}$ sublinear. Dann existiert eine lineare Abbildung $f: X \to \mathbb{R}$ mit $f \leqq p$.*

Beweis: Es sei $\mathfrak{S}_p = \{p' \in \mathfrak{S} \mid p' \leqq p\}$. Wegen $p \in \mathfrak{S}_p$ ist $\mathfrak{S}_p$ nichtleer, und nach 6.2 ist σ, also auch $\mathfrak{S}_p$ nach unten induktiv geordnet. Nach dem Lemma von Zorn existiert also ein minimales Element $f \in \mathfrak{S}_p$, also $f \leqq p$. Dann ist f natürlich auch in $\mathfrak{S}$ minimal, also f linear nach 6.3.

Im folgenden wird der Satz von HAHN-BANACH in zwei verschiedenen Richtungen weiterentwickelt. Zunächst beweisen wir *Fortsetzungssätze*, d.h., gegeben ist ein linearer Unterraum L von X und eine lineare Abbildung $f: L \to \mathbb{R}$, konstruiert wird eine lineare Fortsetzung $F: X \to \mathbb{R}$ mit zusätzlichen Eigenschaften. Sodann beweisen wir *Trennungssätze*, d.h., gegeben sind zwei konvexe Mengen A, B in X, konstruiert wird unter gewissen Voraussetzungen eine lineare Abbildung $f: X \to \mathbb{R}$, die A und B trennt, d.h., $f(A) \cap f(B) = \emptyset$.

Die Relevanz der Hahn-Banach-Sätze für normierte Räume ergibt sich, wenn man als sublineare Funktion p die Norm $\|\ \|: X \to \mathbb{R}$ nimmt.

Satz 6.5. *Sei X reeller Vektorraum und $p: X \to \mathbb{R}$ eine sublineare Funktion. Es sei L ein linearer Unterraum von X und $f: L \to \mathbb{R}$ eine lineare Abbildung mit $f \leqq p|_L$. Dann gibt es eine lineare Abbildung $F: X \to \mathbb{R}$ mit $F|_L = f$ und $F \leqq p$.*

Beweis: Definiere $\tilde{p}: X \to \mathbb{R}$ durch
$$\tilde{p}(x) = \inf_{y \in L} \left(p(x-y) + f(y) \right).$$

Das Infimum ist größer als $-\infty$ wegen
$$p(x-y)+f(y) \geq p(-y)-p(-x)-f(-y) \geq -p(-x).$$
$\tilde{p}$ ist sublinear, beide Eigenschaften zeigt man ganz analog wie beim Beweis von 6.3:

(i) $\lambda > 0$
$$\tilde{p}(\lambda x) = \inf_{y \in L} (p(\lambda x - y) + f(y))$$
$$= \inf_{y' \in L} (\lambda p(x - y') + \lambda f(y'))$$
$$= \lambda \tilde{p}(x).$$

(ii) $x, z \in X$
$$\tilde{p}(x) \geq p(x-y_1) + f(y_1) - \varepsilon$$
$$\tilde{p}(z) \geq p(z-y_2) + f(y_2) - \varepsilon$$

also
$$\tilde{p}(x) + \tilde{p}(z) \geq p(x+z-y) + f(y) - 2\varepsilon, \quad (y = y_1 + y_2)$$
$$\geq \tilde{p}(x+z) - 2\varepsilon.$$

Offensichtlich gilt $\tilde{p}|_L \leq f$, aus 6.3 folgt $\tilde{p}|_L = f$. Nach dem Satz von HAHN-BANACH existiert eine lineare Abbildung $F: X \to \mathbb{R}$ mit $F \leq \tilde{p} \leq p$, d.h. insbesondere auch $F|_L = f$, q.e.d.

Wir betrachten jetzt nicht notwendig reelle Vektorräume:

Satz 6.6. *Sei X ein $\mathbb{K}$-Vektorraum und $p: X \to \mathbb{R}$ eine Halbnorm. Sei L ein Unterraum von X und $f: L \to \mathbb{K}$ eine lineare Abbildung mit $|f(x)| \leq p(x)$ für alle $x \in L$. Dann gibt es eine lineare Abbildung $F: X \to \mathbb{K}$ mit $F|_L = f$ und $|F(x)| \leq p(x)$ für alle $x \in X$.*

Beweis: Sei zunächst $\mathbb{K} = \mathbb{R}$. Eine Halbnorm ist sublinear, und es gilt $f(x) \leq p(x)$. Nach dem letzten Satz gibt es also eine Ausdehnung $F: X \to \mathbb{R}$ von f mit $F \leq p$, also auch $-F(x) = F(-x) \leq p(-x) = p(x)$ für alle $x \in X$, d.h. $|F(x)| \leq p(x)$.

Sei nun $\mathbb{K} = \mathbb{C}$ und $f_1 = \operatorname{Re} f$. Dann gilt $|f_1(x)| \leq p(x)$ für alle $x \in L$. Nach dem schon Bewiesenen gibt es also eine $\mathbb{R}$-lineare Abbildung $F_1: X \to \mathbb{R}$ mit $F_1|_L = f_1$ und $|F_1(x)| \leq p(x)$. Man rechnet leicht nach, daß $F: X \to \mathbb{C}$ mit
$$F(x) = F_1(x) - i F_1(i x)$$
eine $\mathbb{C}$-lineare Abbildung ist und daß $F|_L = f$, denn auf L haben F und f gleichen Realteil. Ferner ist für geeignetes $a \in \mathbb{C}$ mit $|a| = 1$
$$|F(x)| = a F(x) = F(a x) = F_1(a x) \leq p(a x) = p(x), \quad \text{q.e.d.}$$

Bisher haben wir nur Vektorräume ohne Topologie und lineare Abbildungen betrachtet. Jetzt kommen wir zu normierten Räumen und stetigen Abbildungen.

Korollar 6.7. *Sei X normierter $\mathbb{K}$-Vektorraum, L ein linearer Unterraum und $f: L \to \mathbb{K}$ linear und stetig. Dann gibt es eine stetige lineare Abbildung $F: X \to \mathbb{K}$ mit $F|_L = f$ und $\|F\| = \|f\|$.*

Beweis: Sei $p(x) = \|x\| \, \|f\|$. Es gibt also eine Fortsetzung F von f mit $|F(x)| \leq \|x\| \, \|f\|$, d.h. $\|F\| \leq \|f\|$. Die umgekehrte Ungleichung ist trivial.

Wir kommen nun zu den Trennungssätzen. Wir erinnern daran, daß eine Teilmenge eines Vektorraumes *konvex* heißt, wenn sie mit zwei Punkten a, b auch ihre Verbindungsstrecke, d.h. alle Punkte $(1-t)a + tb$, $0 \leq t \leq 1$, enthält. Ist M konvex, so ist auch die abgeschlossene Hülle $\overline{M}$ konvex.

Der Durchschnitt beliebig vieler konvexer Mengen ist konvex. Ist M eine beliebige Menge, so ist insbesondere der Durchschnitt aller konvexen Mengen, die M enthalten, konvex. Dieser Durchschnitt ist die kleinste konvexe Menge, die M enthält, und heißt konvexe Hülle von M.

Satz 6.8. *Es sei X reeller Vektorraum. M sei eine nicht-leere konvexe Teilmenge von X, und $p: X \to \mathbb{R}$ sei sublinear. Dann existiert eine lineare Abbildung $f: X \to \mathbb{R}$ mit $f \leq p$ und*

$$\inf_{x \in M} p(x) = \inf_{x \in M} f(x).$$

Beweis: Wir können annehmen, daß $I = \inf_{x \in M} p(x)$ größer als $-\infty$ ist, anderenfalls ist die zu beweisende Gleichung trivial. Ein f existiert nach 6.4.

Nun machen wir eine ähnliche Konstruktion wie früher auch. Es sei:

$$\tilde{p}(x) = \inf\{p(x + ty) - tI \mid y \in M, \, t \geq 0\}.$$

Es ist $p(x + ty) - tI \geq -p(-x)$, also $\tilde{p}(x)$ ist größer als $-\infty$. Wir überlassen es dem Leser, ähnlich wie früher zu schließen, daß $\tilde{p}$ sublinear ist. (Beim Beweis von $\tilde{p}(x+z) \leq \tilde{p}(x) + \tilde{p}(z)$ wird die Konvexität von M benützt.) Nach dem Satz von HAHN-BANACH gibt es eine lineare Abbildung $f: X \to \mathbb{R}$ mit $f \leq \tilde{p}$, also auch $f \leq p$. Für $x \in M$ gilt $f(-x) \leq \tilde{p}(-x) \leq p(-x+x) - I$, d.h. $I \leq f(x)$, q.e.d.

Korollar 6.9. *Es sei X reeller normierter Raum, und A, B seien nicht-leere konvexe Teilmengen von X mit positivem Abstand, d.h.,*

$$d(A, B) = \inf\{\|a - b\| \mid a \in A, \, b \in B\} > 0.$$

Dann gibt es eine lineare stetige Abbildung $f: X \to \mathbb{R}$ mit $f(A) \cap f(B) = \emptyset$.

Beweis: Die Menge $A - B = \{a - b \mid a \in A, b \in B\}$ ist konvex. Also gibt es ein lineares $f \leq \|\ \|$ mit

$$0 < d(A, B) = \inf_{x \in A - B} f(x)$$
$$= \inf_{a \in A} f(a) - \sup_{b \in B} f(b), \quad \text{q.e.d.}$$

§ 7. Normierte Räume linearer Funktionen. Der Dualraum

Es seien X, Y normierte $\mathbb{K}$-Vektorräume.

Lemma 7.1. *Der $\mathbb{K}$-Vektorraum $L(X, Y)$ ist zusammen mit der in 5.7 definierten Norm*

$$\|T\| = \sup_{\|x\|=1} \|T(x)\|$$

ein normierter Raum.

Beweis: Die Bedingung 5.4.(i) ist offensichtlich erfüllt.

(ii) ergibt sich aus folgender Abschätzung (vgl. 5.8)

$$\|(aT)x\| = \|T(ax)\| \leq \|T\| \|ax\| = |a| \|T\| \|x\|,$$

also

$$\|aT\| \leq |a| \|T\|.$$

Aus $T = a^{-1}(aT)$ für $a \neq 0$ folgt dann:

$$\|T\| \leq |a^{-1}| \|aT\|, \quad \text{also} \quad \|aT\| \geq |a| \|T\|.$$

. (iii) folgt mit 5.8 aus

$$\|(T_1 + T_2)x\| = \|T_1 x + T_2 x\| \leq \|T_1 x\| + \|T_2 x\| \leq (\|T_1\| + \|T_2\|) \|x\|,$$

also

$$\|T_1 + T_2\| \leq \|T_1\| + \|T_2\|.$$

Insbesondere ist also der Dualraum X' eines normierten Raumes X ein normierter Raum, und zwar sogar ein Banach-Raum, wie wir gleich sehen werden.

Ein fundamentales Prinzip der Funktionalanalysis, für das wir noch viele Beispiele kennenlernen werden, besteht darin, die Untersuchung eines normierten Raumes mit der Untersuchung des Dualraumes zu verbinden.

Satz 7.2. *Seien X, Y normierte Räume, Y sei vollständig. Dann ist auch $L(X, Y)$ vollständig.*

Normierte Räume linearer Funktionen. Der Dualraum   35

Beweis: Es sei $\{A_n: X \to Y\}$ eine Cauchy-Folge stetiger linearer Abbildungen, also $\|A_n - A_m\| < \varepsilon$ für $n, m \geq n_0$, d.h.

$$\|(A_n - A_m) x\| \leq \|A_n - A_m\| \|x\| \leq \varepsilon \|x\|$$

für alle $x \in X$. Die Folge $\{A_n x\}_{n=1,2,\ldots}$ ist also Cauchy-Folge und hat wegen der Vollständigkeit von Y einen Limes. Definiere

$$A: X \to Y \quad \text{durch} \quad A x = \lim A_n x.$$

Offensichtlich ist A linear. Wir zeigen die Stetigkeit. Da $\{A_n\}$ und damit $\{\|A_n\|\}$ Cauchy-Folge ist, gibt es ein M mit $\|A_n\| \leq M$ für alle n, also

$$\|A_n x\| \leq \|A_n\| \|x\| \leq M \|x\|$$

und

$$\|A x\| \leq M \|x\|.$$

Also ist A beschränkt, d.h. stetig. Schließlich haben wir noch zu zeigen, daß $\{A_n\}$ gegen A konvergiert. Es gilt

$$\|(A_n - A_m) x\| \leq \varepsilon \|x\| \quad \text{für } n, m \geq n_0$$

also

$$\|(A_n - A) x\| \leq \varepsilon \|x\| \quad \text{für } n, m \geq n_0$$

also

$$\|A_n - A\| \leq \varepsilon, \quad \text{q.e.d.}$$

Korollar 7.3. *Der Dualraum X' eines normierten Raumes X ist vollständig.*

Beweis: $\mathbb{K}$ ist vollständig.

Lemma 7.4. *Es seien X, Y, Z normierte Räume und $T_1: X \to Y$, $T_2: Y \to Z$ stetige, lineare Abbildungen. Dann ist $T_2 \circ T_1: X \to Z$ linear und stetig, und es gilt $\|T_2 \circ T_1\| \leq \|T_2\| \|T_1\|$.*

Beweis: Die erste Behauptung ist trivial, die zweite folgt aus

$$\|(T_2 \circ T_1) x\| \leq \|T_2\| \|T_1 x\| \leq \|T_2\| \|T_1\| \|x\|.$$

Korollar 7.5. *Sei X normierter Raum. Dann ist $\operatorname{End}(X) = L(X, X)$ normierte Algebra und Banach-Algebra, falls X Banach-Raum ist.*

Es seien X, Y normierte Räume. Eine stetige lineare Abbildung $T: X \to Y$ induziert eine lineare Abbildung („transponierte Abbildung")

$$T': Y' \to X'; \quad f \mapsto T'(f) := f \circ T \quad \text{für } f \in Y'.$$

Ist $X'' = (X')'$, so hat man ferner eine kanonische Abbildung

$$i_X: X \to X''; \quad i_X(x)(f) = f(x) \quad \text{für} \quad x \in X, \ f \in X'.$$

Es ist klar, daß $i_X(x)$ eine lineare Abbildung $X' \to \mathbb{K}$ ist. Die Stetigkeit von $i_X(x)$ folgt aus $\|i_X(x)(f)\| \leq \|x\| \|f\|$, also $\|i_X(x)\| \leq \|x\|$, und $i_X(x) \in X''$. Statt i_X schreiben wir auch einfach i, wenn keine Verwechslung zu befürchten ist.

Lemma 7.6. *Die kanonische Abbildung $i: X \to X''$ ist eine lineare Isometrie.*

Beweis: Die Linearität von i ist klar; um die Isometrie zu beweisen, genügt es $\|i(x)\| \geq \|x\|$ für alle $x \neq 0$ zu zeigen. Nach HAHN-BANACH gibt es zu $x \in X$ ein $f \in X'$ mit $|f(x)| = \|x\|$ und $\|f\| = 1$. (Wähle in Korollar 6.7 als Unterraum $L = \mathbb{K} \, x$ und $f: L \to \mathbb{K}$ so, daß $f(x) = \|x\|$.) Also

$$\|i(x)\| \geq \|i(x)(f)\| = |f(x)| = \|x\|, \quad \text{q.e.d.}$$

Unter i können wir also X mit einem Teilraum von X'' identifizieren.

Lemma 7.7. *Es seien X, Y normierte Räume und $T: X \to Y$ eine stetige lineare Abbildung. Dann ist folgendes Diagramm kommutativ:*

$$\begin{array}{ccc} X & \xrightarrow{i_X} & X'' \\ {\scriptstyle T}\downarrow & & \downarrow{\scriptstyle T''} \\ Y & \xrightarrow{i_Y} & Y'' \end{array}$$

Beweis: Für $x \in X$ und $g \in Y'$ gilt

$$(i_Y T(x))(g) = g(T(x)).$$

Andererseits ist

$$((T'' i_X(x))(g) = (i_X(x) T')(g) = (T'(g))(x) = g(T(x)).$$

Lemma 7.8. *Es gilt $\|T\| = \|T'\|$.*

Beweis: Sei $g \in Y'$ und $x \in X$. Dann folgt

$$\|(T'g)(x)\| = \|g T(x)\| \leq \|g\| \|T\| \|x\|$$
$$\Rightarrow \|T'g\| \leq \|g\| \|T\|$$
$$\Rightarrow \|T'\| \leq \|T\|.$$

Also gilt

$$\|T''\| \leq \|T'\| \leq \|T\|.$$

Aus 7.6, 7.7 und der Definition der Norm folgt aber sofort $\|T''\| \geq \|T\|$.

Normierte Räume linearer Funktionen. Der Dualraum

Lemma 7.9. *Für die Abbildungen $i_{X'}: X' \to X'''$ und $i'_X: X''' \to X'$ gilt*

$$(i'_X) \circ i_{X'} = \mathrm{Id}.$$

Beweis: Sei $g \in X'$, $a \in X$. Dann ist

$$(i'_X \circ i_{X'}(g))(a) = i_{X'}(g) i_X(a) = i_X(a)(g) = g(a), \qquad \text{q.e.d.}$$

§ 8. Das Prinzip der gleichmäßigen Beschränktheit

Das „Prinzip der gleichmäßigen Beschränktheit" für vollständige metrische Räume (Satz 4.4) wenden wir nun auf Banach-Räume an.

Satz 8.1. *Sei X Banach-Raum und Y normierter Raum. Sei $\mathfrak{T}$ eine Menge linearer stetiger Funktionen $X \to Y$, so daß die Menge von Funktionen $\{x \mapsto \|Tx\| \mid T \in \mathfrak{T}\}$ punktweise gleichmäßig beschränkt ist. Dann gibt es eine Konstante N, so daß für alle $T \in \mathfrak{T}$ gilt $\|T\| \leq N$.*

Beweis: Nach Satz 4.4 gibt es eine offene Kugel $U = U(x_0, 2d)$ und eine Konstante c, so daß $\|Tx\| \leq c$ für $x \in U$, $T \in \mathfrak{T}$. Sei $x \in X$ mit $\|x\| = 1$. Dann gilt

$$\|Tx\| = \frac{1}{d} \|T(dx)\| = \frac{1}{d} \|T(dx + x_0 - x_0)\|$$

$$\leq \frac{1}{d} \|T(dx + x_0)\| + \frac{1}{d} \|T(x_0)\| \leq \frac{c}{d} + \frac{c}{d}.$$

Also gilt $\|T\| \leq \frac{2c}{d}$ für alle $T \in \mathfrak{T}$.

Korollar 8.2. *Sei X normierter Raum und M eine Teilmenge von X, so daß gilt: Für alle $f \in X'$ gibt es ein k_f mit $|f(x)| \leq k_f$ für alle $x \in M$. Dann ist M beschränkt.*

Beweis: Wende den letzten Satz auf den Banach-Raum X' an und beachte, daß man X mit einem Unterraum von X'' identifizieren kann (7.6).

Die Umkehrung dieses Korollars ist trivialerweise gültig.

Korollar 8.3. *Sei X Banach-Raum, Y normierter Raum. Sei $\mathfrak{T}$ eine Teilmenge von $L(X, Y)$, die folgende Bedingung erfüllt: Für alle $f \in Y'$ und alle $x \in X$ gibt es ein k, so daß für alle $T \in \mathfrak{T}$ gilt $|f(Tx)| \leq k$. Dann gibt es ein K mit $\|T\| \leq K$ für alle $T \in \mathfrak{T}$.*

Beweis: Für festes $x \in X$ wenden wir auf $M = \{T(x) \mid T \in \mathfrak{T}\}$ das letzte Korollar an. Es folgt, daß $\{T(x) \mid T \in \mathfrak{T}\}$ für jedes $x \in X$ beschränkt ist. Aus Satz 8.1 folgt die Behauptung.

§ 9. Das Prinzip der offenen Abbildung

Als weitere Anwendung des Baireschen Satzes (§4) beweisen wir folgendes „Prinzip der offenen Abbildung":

Satz 9.1. *Es seien X, Y Banach-Räume und $T: X \to Y$ eine stetige lineare surjektive Abbildung. Dann ist T offen, d.h., das Bild jeder offenen Menge ist offen.*

Beweis: (i) Wir zeigen zunächst folgendes: Es sei $G \subset X$ offen und $0 \in G$. Dann hat $\overline{T(G)}$ wenigstens einen inneren Punkt, d.h., es gibt eine nicht-leere offene Menge $V \subset Y$ mit $V \subset \overline{T(G)}$.

Nach Voraussetzung enthält G eine offene ε-Umgebung $U(0, \varepsilon)$ des Nullpunktes. Also gilt $X = \bigcup_n nG$ mit $nG = \{nx \mid x \in G\}$, $n = 1, 2, \ldots$ Da T surjektiv ist, folgt $\bigcup_n nT(G) = Y$, also $\bigcup_n \overline{nT(G)} = Y$.

Nach Satz 4.3 gibt es ein n, so daß $\overline{nT(G)}$ eine nicht-leere offene Menge enthält. Dann enthält $\overline{T(G)}$ eine nicht-leere offene Menge, denn Multiplikation mit n ist ein Homöomorphismus.

(ii) Unter denselben Voraussetzungen zeigen wir nun, daß 0 innerer Punkt von $\overline{T(G)}$ ist.

Die durch $(x_1, x_2) \mapsto x_1 - x_2$ definierte Abbildung $X \times X \to X$ ist stetig. Also gibt es eine Umgebung M von 0 in X mit

$$M - M := \{x - y \mid x, y \in M\} \subset G.$$

Also gilt
$$TG \supset \overline{TM} - TM \supset \overline{TM} - TM \supset V - V,$$
wobei V eine nach (i) vorhandene nicht-leere offene Menge in $\overline{TM}$ ist. $V - V = \bigcup_{a \in V} (\{a\} - V)$ ist offen, $0 \in V - V$ ist also innerer Punkt von $\overline{TG}$.

(iii) Wir zeigen nun: Das Bild jeder Umgebung $U \subset X$ des Nullpunktes enthält eine Umgebung $V \subset Y$ des Nullpunktes: $V \subset TU$.

Wähle $\varepsilon_0 = \sum_{i=1}^{\infty} \varepsilon_i$ mit $\varepsilon_i > 0$. Auf die offenen Vollkugeln $U(0, \varepsilon_i)$ in X wenden wir (ii) an:
$\overline{TU(0, \varepsilon_i)}$ enthält eine offene Kugel $V(0, \eta_i)$ für $i = 0, 1, 2, \ldots$ Natürlich gilt $\lim_{i \to \infty} \eta_i = 0$.

Rekursiv definieren wir nun zu beliebig vorgegebenem $y \in V(0, \eta_0)$ eine Folge $\{x_i\}$:
$$y \in V(0, \eta_0) \Rightarrow y \in \overline{TU(0, \varepsilon_0)} \Rightarrow$$
Es gibt $x_0 \in U(0, \varepsilon_0)$ mit $\|y - Tx_0\| < \eta_1$
$$\Rightarrow y - Tx_0 \in \overline{TU(0, \varepsilon_1)} \Rightarrow$$
Es gibt $x_1 \in U(0, \varepsilon_1)$ mit $\|y - Tx_0 - Tx_1\| < \eta_2$

. . . .

$$y - \sum_{i=0}^{n-1} Tx_i \in V(0, \eta_n) \subset \overline{TU(0, \varepsilon_n)} \Rightarrow$$
Es gibt $x_n \in U(0, \varepsilon_n)$ mit $\left\|y - \sum_{i=0}^{n} Tx_i\right\| < \eta_{n+1}$.

Die Reihe $\sum x_i$ konvergiert, denn, da $\|x_i\| < \varepsilon_i$ und $\sum \varepsilon_i$ konvergent ist, bilden ihre Partialsummen eine Cauchy-Folge.

Für $x = \sum_{i=0}^{\infty} x_i$ gilt $\|x\| < 2\varepsilon_0$ und $y = Tx$. Also gibt es für alle $\varepsilon_0 > 0$

ein $\eta_0 > 0$ mit $V(0, \eta_0) \subset TU(0, 2\varepsilon_0)$. Das ist gleichwertig mit der Behauptung.

(iv) Sei nun $M \subset X$ offen. Wir zeigen: TM ist offen.
Zu $x \in M$ gibt es eine Umgebung U von 0, so daß $x + U \subset M$, also $Tx + TU \subset TM$. Mit der nach (iii) bestimmten offenen Menge V gilt

$Tx + V \subset TM$. Die Translation um Tx ist ein Homöomorphismus. Damit ist der Beweis vollständig.

Korollar 9.2 (Satz vom inversen Operator). *Es seien X, Y Banach-Räume, $T: X \to Y$ eine bijektive stetige lineare Abbildung. Dann ist T^{-1} stetig, also T ein Homöomorphismus.*

Korollar 9.3. *Sei X ein Vektorraum und $\mathfrak{T}_1, \mathfrak{T}_2$ Topologien von X, die durch Banach-Raum-Strukturen für X definiert sein mögen. Gilt $\mathfrak{T}_1 \supset \mathfrak{T}_2$, so gilt $\mathfrak{T}_1 = \mathfrak{T}_2$.*

Beweis: Wende das letzte Korollar auf Id: $(X, \mathfrak{T}_1) \to (X, \mathfrak{T}_2)$ an.

Es seien X, Y normierte Vektorräume über $\mathbb{K}$. Ihr cartesisches Produkt $X \times Y$ ist in kanonischer Weise ein topologischer Vektorraum. Wie in §5 bereits erwähnt, wird durch

$$\|(x, y)\| := \|x\| + \|y\|; \quad x \in X, \quad y \in Y,$$

auf $X \times Y$ eine Norm definiert, die die Produkt-Topologie liefert. Sind X, Y Banach-Räume, so auch $X \times Y$.

Sind X, Y beliebige Mengen und ist $T: X \to Y$ eine beliebige Abbildung, so bezeichnet man die Teilmenge

$$\mathfrak{G}(T) := \{(x, Tx) \mid x \in X\} \quad \text{von} \quad X \times Y$$

als den Graphen von T.

Als Anwendung des Satzes vom inversen Operator erhalten wir:

Korollar 9.4 (Satz vom abgeschlossenen Graphen). *Es seien X, Y Banach-Räume, $T: X \to Y$ eine lineare Abbildung. Dann gilt:*

$$T \text{ stetig} \Leftrightarrow \mathfrak{G}(T) \text{ abgeschlossen in } X \times Y.$$

Beweis: „$\Rightarrow$" Sei $\{x_n\}$ konvergente Folge in X, $x = \lim x_n$. Dann konvergiert wegen der Stetigkeit von T die Folge $\{Tx_n\}$ in Y, und es ist $Tx = \lim Tx_n$. Also: Ist $\{x_n, Tx_n\}$ konvergent in $X \times Y$, so gilt $\lim (x_n, Tx_n) \in \mathfrak{G}(T)$. Daraus folgt, daß $\mathfrak{G}(T)$ abgeschlossen ist.

„$\Leftarrow$" Ist $\mathfrak{G}(T)$ abgeschlossener Unterraum von $X \times Y$, so ist $\mathfrak{G}(T)$ Banach-Raum. Es ist $\pi: \mathfrak{G}(T) \to X$, $(x, Tx) \mapsto x$ bijektiv, linear und stetig; also ist π^{-1} stetig. Die Projektion $P_Y: X \times Y \to Y$ ist stetig, also ist $T = P_Y \circ \pi^{-1}$ stetig, q.e.d.

Wir führen noch eine weitere kleine Anwendung des Satzes vom inversen Operator vor:

Sei X Banach-Raum, Y_1, Y_2 seien abgeschlossene Untervektorräume von X mit $X = Y_1 + Y_2$ und $Y_1 \cap Y_2 = \{0\}$. Jedes Element $x \in X$ hat dann genau eine Darstellung $x = y_1 + y_2$; $y_1 \in Y_1$, $y_2 \in Y_2$. Also ist die Abbildung

$$Y_1 \times Y_2 \to X,$$

$$(y_1, y_2) \mapsto y_1 + y_2$$

linear und bijektiv. Sie ist auch stetig, denn

$$\|y_1 + y_2\| \leq \|y_1\| + \|y_2\| = \|(y_1, y_2)\|,$$

also ist sie ein Homöomorphismus. X und $Y_1 \times Y_2$ sind also als topologische Vektorräume isomorph.

Übungsaufgaben

1. Man führe den Beweis von Satz 6.6 in allen Einzelheiten aus und zeige: Es sei X komplexer normierter Raum und $X_\mathbb{R}$ derselbe Raum X aufgefaßt als reeller normierter Raum. Dann ist

$$h: (X_\mathbb{R})' \to X'; \quad f \mapsto f - i f i$$

ein $\mathbb{R}$-linearer isometrischer Isomorphismus.

2. Es seien X, Y Banach-Räume. Zeige, daß die stetigen bijektiven linearen Abbildungen $X \to Y$ eine offene Teilmenge von $L(X, Y)$ bilden.

3. Sei X kompakte topologischer Raum und $C(X, \mathbb{R})$ der Banach-Raum der stetigen reellwertigen Funktionen auf X. Für $x \in X$ definiere eine lineare Abbildung $\alpha_x: C(X, \mathbb{R}) \to \mathbb{R}$ durch $\alpha_x(f) = f(x)$. Zeige α_x ist stetig und berechne $\|\alpha_x\|$. Die lineare Abbildung α_x ist sogar ein Algebra-Homomorphismus. Zeige, daß jeder Algebra-Homomorphismus $C(X, \mathbb{R}) \to \mathbb{R}$ gleich einem α_x ist.

4. Es sei (a, b) offenes Intervall von $\mathbb{R}$ und X der Vektorraum der stetig differenzierbaren beschränkten Funktionen $f:(a, b) \to \mathbb{R}$. Ist X zusammen mit der Supremum-Norm ein Banach-Raum?

5. Es sei G ein Gebiet der komplexen Zahlenebene $\mathbb{C}$ und X der Vektorraum der beschränkten holomorphen Funktionen $f: G \to \mathbb{C}$. Ist X zusammen mit der Supremum-Norm ein Banach-Raum? (Satz von WEIERSTRASS.)

KAPITEL III

Die Räume $L^p(\mathbb{R}^n, \varphi)$

Dieses Kapitel beginnt mit einer Einführung ohne Beweise in die Theorie des Lebesgue-Integrales. Wir folgen dabei im wesentlichen dem von RIESZ-NAGY gegebenen Aufbau, der von P. DOMBROWSKI in größerer Allgemeinheit entwickelt wurde. Insbesondere betrachten wir an Stelle des Lebesgueschen Maßes ein beliebiges additives, monotones, reguläres Maß. Dies erlaubt uns im nächsten Paragraphen eine einheitliche Einführung der Räume l^p und L^p. Im wesentlichen ist L^p der Raum der Funktionen f, so daß $|f|^p$ integrierbar ist. Am Beispiel dieser Räume, die uns auch in den folgenden Kapiteln noch oft begegnen werden, sollen einerseits die abstrakten Begriffsbildungen konkretisiert werden; andererseits sind die Räume L^p selbst von großer Wichtigkeit für die Analysis.

Die wesentlichen Resultate dieses Kapitels sind die Höldersche und Minkowskische Ungleichung und der Satz von RIESZ-FISCHER.

§ 10. Ein Stellkurs über das Lebesgue-Integral

10.1. Intervalle und Maße

Ein Intervall des $\mathbb{R}^n$ ist das cartesische Produkt von n Intervallen aus $\mathbb{R}$. Diese können offen, einseitig offen, abgeschlossen, beschränkt, unbeschränkt, zu einem Punkt entartet oder leer sein. Sind sie alle offen bzw. abgeschlossen bzw. beschränkt, so ist ihr Produkt offen bzw. abgeschlossen bzw. beschränkt.

Es bezeichne $\mathfrak{S}^n$ die Menge der beschränkten Intervalle des $\mathbb{R}^n$. Eine *Intervall-Funktion* ist eine Abbildung

$$\varphi: \mathfrak{S}^n \to \mathbb{R}.$$

φ heißt *monoton*, wenn

für $I_1, I_2 \in \mathfrak{S}^n$ mit $I_1 \subset I_2$ gilt $\varphi(I_1) \leq \varphi(I_2)$.

φ heißt *additiv*, wenn

für $I_1, I_2, I \in \mathfrak{S}^n$ mit $I_1 \cap I_2 = \emptyset$, $I_1 \cup I_2 = I$

gilt $\varphi(I) = \varphi(I_1) + \varphi(I_2)$.

Offenbar gilt für jede monotone und additive Intervallfunktion $\varphi(\emptyset) = 0$ und $\varphi(I) \geq 0$ für alle $I \in \mathfrak{S}^n$.

φ heißt *regulär*, wenn gilt: Für alle $\varepsilon > 0$ gibt es zu jedem Intervall $I \in \mathfrak{S}^n$ ein offenes Intervall I^*, das I enthält, und so daß gilt

$$\varphi(I) \leq \varphi(I^*) < \varphi(I) + \varepsilon.$$

Eine monotone, additive, reguläre Intervall-Funktion heißt ein Maß.

Beispiele:

(i) Ein Maß ist die Volumen-Funktion $v\colon \mathfrak{S}^n \to \mathbb{R}$, definiert durch
$$v(I) = \prod_{j=1}^{n} (b_j - a_j) \text{ für } I = [a_1, b_1] \times \cdots \times [a_n, b_n],$$ wobei die eckigen Klammern wahlweise runde (,) oder spitze $\langle , \rangle$ bedeuten können.

(ii) Sei $N \subset \mathbb{R}^n$ eine Menge ohne Häufungspunkte. Jedem $x \in N$ sei eine reelle Zahl $m(x) \geq 0$ zugeordnet. Die Funktion $m\colon \mathfrak{S}^n \to \mathbb{R}$, definiert durch $m(I) = \sum_{x \in N \cap I} m(x)$, ist ein Maß, nämlich eine sog. diskrete Massenverteilung. Je nachdem ob N endlich oder abzählbar unendlich ist, ergeben sich verschiedene Fälle.

(iii) Ist $\mathbb{R}^n = \mathbb{R}^p \times \mathbb{R}^q$ und φ ein Maß auf $\mathbb{R}^p$ und ψ ein Maß auf $\mathbb{R}^q$, so liefert das Produkt ein Maß auf $\mathbb{R}^n$: Für $I = I_1 \times I_2 \in \mathfrak{S}^n$, $I_1 \in \mathfrak{S}^p$, $I_2 \in \mathfrak{S}^q$ sei

$$(\varphi \times \psi)(I) = \varphi(I_1) \psi(I_2).$$

10.2. φ-Nullmengen, φ-Gleichheit

Sei φ ein Maß.

Definition 10.2.1. *Eine Menge $M \subset \mathbb{R}^k$ heißt φ-Nullmenge, wenn es für alle $\varepsilon > 0$ eine Folge von Intervallen $\{I_n\}_{n=1,2,\ldots}$ gibt, so daß*

$$M \subset \bigcup_{n=1}^{\infty} I_n \text{ und } \sum_{n=1}^{\infty} \varphi(I_n) < \varepsilon.$$

Unter Verwendung der Regularität von φ kann man beweisen, daß alle I_n offen gewählt werden können.

Beispiel: Bezüglich der Volumen-Funktion v ist jede abzählbare Menge eine Nullmenge, denn ein Punkt ist eine Nullmenge, und es gilt ganz allgemein:

Die Vereinigung abzählbar vieler φ-Nullmengen ist eine φ-Nullmenge.

Eine Funktion f heißt φ-*definiert* auf $\mathbb{R}^n$, wenn es eine φ-Nullmenge M gibt, so daß f auf $\mathbb{R}^n - M$ definiert ist. Wegen der gerade erwähnten Tatsache kann man für eine Folge φ-definierter Funktionen stets ein gemeinsames M finden.

Zwei Funktionen f, g heißen φ-*gleich* (oder fast überall gleich), wenn es eine φ-Nullmenge M gibt, so daß f, g auf $\mathbb{R}^n - M$ definiert sind und dort übereinstimmen. Wir schreiben dann $f \underset{\varphi}{=} g$. Analog wird $f \underset{\varphi}{\leq} g, f \underset{\varphi}{\geq} g$, etc. definiert.

Die Funktionen-Folge $\{f_i : \mathbb{R}^n \to \mathbb{R}\}_{i=1,2,\ldots}$ heißt (punktweise) φ-*konvergent* gegen $f: \mathbb{R}^n \to \mathbb{R}$, wenn es eine φ-Nullmenge M gibt, so daß $\{f_i\}_{i=1,2,\ldots}$ auf $\mathbb{R}^n - M$ (punktweise) gegen f konvergiert. (Wir verwenden hier eine nicht ganz korrekte Schreibweise, denn wir wollen natürlich zulassen, daß die Funktionen f_i nur φ-definiert sind; genauer müßte man also schreiben $\{f_i : (\mathbb{R}^n - M) \to \mathbb{R}\}$, wobei M eine gemeinsame Nullmenge ist. Auch an einigen anderen Stellen wird unsere Ausdrucksweise nur modulo Nullmengen korrekt sein.) Es ist klar, was man unter einer φ-monotonen Folge zu verstehen hat.

Im folgenden schreiben wir statt „φ-definiert", „φ-gleich", „φ-konvergent", … oft „definiert", „gleich", „konvergent", …

10.3. Integration von Treppenfunktionen

Eine Abbildung $s: \mathbb{R}^n \to \mathbb{R}$ heißt Treppenfunktion, wenn es endlich viele paarweise disjunkte beschränkte Intervalle $I_1, \ldots, I_m \subset \mathbb{R}^n$ gibt mit $s|_{I_j}$ ist konstant für $j = 1, \ldots, m$ und $s = 0$ außerhalb der I_j. Es ist anschaulich ziemlich klar, daß Treppenfunktionen einen $\mathbb{R}$-Vektorraum bilden, sogar eine $\mathbb{R}$-Algebra, die mit $\mathfrak{C}_0(\mathbb{R}^n)$ bezeichnet wird. Für $f, g \in \mathfrak{C}_0(\mathbb{R}^n)$ gilt:
$$\inf(f, g), \sup(f, g), |f| \in \mathfrak{C}_0(\mathbb{R}^n).$$

Definition 10.3.1. *Sei f eine Treppenfunktion mit Konstanz-Intervallen $I_1, \ldots, I_m$; sei $f(I_j) = c_j$. Dann ist das Lebesgue-Integral von f (über $\mathbb{R}^n$) bezüglich des Maßes φ definiert als folgende Zahl:*

$$\int f \, d\varphi = \int_{\mathbb{R}^n} f \, d\varphi = \sum_{j=1}^m \varphi(I_j) c_j.$$

Diese Definition ist sinnvoll, denn sie ist *unabhängig* von der Auswahl der Konstanz-Intervalle. Die üblichen Eigenschaften eines Integrales sind erfüllt, z. B.

(i) $f \leq g \Rightarrow \int f \, d\varphi \leq \int g \, d\varphi$.

(ii) $|\int f \, d\varphi| \leq \int |f| \, d\varphi$.

(iii) Die Abbildung $\mathfrak{C}_0(\mathbb{R}_n, \varphi) \to \mathbb{R}$, $f \mapsto \int f \, d\varphi$ ist $\mathbb{R}$-linear.

10.4. Summierbare Funktionen

Satz 10.4.1. *Es sei* $\{f_n\}_{n=1,2,...}$ *eine φ-monoton steigende Folge von Treppenfunktionen mit beschränkter Integralfolge:*

$$\int f_n \, d\varphi \leq A \quad \text{für alle } n.$$

Dann gibt es eine Funktion $f: \mathbb{R}^n \to \mathbb{R}$, *so daß* $\{f_n\}$ *φ-konvergent gegen f ist.*

Es bezeichne $\mathfrak{C}_1(\mathbb{R}^n, \varphi)$ die Menge aller Funktionen $f: \mathbb{R}^n \to \mathbb{R}$, für die es wie in dem letzten Satz eine monoton steigende Folge von Treppenfunktionen $\{f_n\}_{n=1,2,...}$ mit beschränkter Integralfolge gibt, so daß $f = \lim_\varphi f_n$. Für solche Funktionen definieren wir das *Lebesgue-Integral* durch

$$\int f \, d\varphi = \int_{\mathbb{R}^n} f \, d\varphi = \lim_{n \to \infty} \int f_n \, d\varphi.$$

Diese Definition ist sinnvoll, denn es läßt sich beweisen, daß das Integral *unabhängig* von der Auswahl der Folge $\{f_n\}$ ist. Insbesondere haben φ-gleiche Funktionen gleiche Integrale.

Es bezeichne $\mathfrak{C}_2(\mathbb{R}^n, \varphi)$ den von $\mathfrak{C}_1(\mathbb{R}^n, \varphi)$ erzeugten Untervektorraum von $F(\mathbb{R}^n, \mathbb{R})$, d.h.

$$\mathfrak{C}_2(\mathbb{R}^n, \varphi) = \{f_1 - f_2 \mid f_1, f_2 \in \mathfrak{C}_1(\mathbb{R}^n, \varphi)\}.$$

Die Funktionen aus $\mathfrak{C}_2(\mathbb{R}^n, \varphi)$ heißen *summierbar*, oder genauer φ-summierbar.

Sind $f, g \in \mathfrak{C}_2(\mathbb{R}^n, \varphi)$, so auch $|f|$, $\sup(f, g)$, $\inf(f, g)$.

Sei $f \in \mathfrak{C}_2(\mathbb{R}^n, \varphi)$ und $f = f_1 - f_2$ mit $f_1, f_2 \in \mathfrak{C}_1(\mathbb{R}^n, \varphi)$. Dann definieren wir das *Lebesgue-Integral* von f als

$$\int f \, d\varphi = \int_{\mathbb{R}^n} f \, d\varphi = \int f_1 \, d\varphi - \int f_2 \, d\varphi.$$

Diese Definition ist *unabhängig* von der Auswahl von f_1, f_2.

Die Abbildung

$$\mathfrak{C}_2(\mathbb{R}^n, \varphi) \to \mathbb{R}, \quad f \mapsto \int f \, d\varphi$$

ist $\mathbb{R}$-linear und erfüllt die üblichen Eigenschaften:

(i) $f \leq g \Rightarrow \int f \, d\varphi \leq \int g \, d\varphi$.

(ii) $\left| \int f \, d\varphi \right| \leq \int |f| \, d\varphi$.

10.5. Die Sätze von Beppo Levi und Lebesgue

Wir hatten das Lebesgue-Integral als Linearform auf einem Vektorraum reellwertiger Funktionen eingeführt (nämlich auf $\mathfrak{C}_0(\mathbb{R}^n, \varphi)$) und dann auf einen größeren Vektorraum ausgedehnt. Der Satz von BEPPO LEVI besagt, daß dieser Prozeß durch die Konstruktion in 10.4 abgeschlossen ist. Der Satz von LEBESGUE, der in gewissem Sinn das Ziel der ganzen Theorie ist, stellt klar, unter welchen Bedingungen Integration und Grenzwertbildung vertauschbar sind.

Satz 10.5.1 (BEPPO LEVI). *Sei* $\{f_n\}_{n=1,2,\ldots}$ *eine φ-monoton steigende Folge summierbarer Funktionen mit beschränkter Integralfolge* $\{\int f_n \, \mathrm{d}\varphi\}$. *Dann gibt es eine summierbare Funktion f mit*

$$f = \lim_{\varphi \; n \to \infty} f_n \quad \text{und} \quad \int f \, \mathrm{d}\varphi = \lim_{n \to \infty} \int f_n \, \mathrm{d}\varphi.$$

Satz 10.5.2 (LEBESGUE). *Die Folge* $\{f_n\}_{n=1,2,\ldots}$ *von summierbaren Funktionen sei φ-konvergent gegen f. Es gebe eine summierbare Funktion g mit* $|f_n| \underset{\varphi}{\leq} g$ *für alle n. Dann ist f summierbar, und es gilt*

$$\int f \, \mathrm{d}\varphi = \lim_{n \to \infty} \int f_n \, \mathrm{d}\varphi.$$

10.6. Meßbare Funktionen

Eine Funktion $f\colon \mathbb{R}^n \to \mathbb{R}$ heißt *meßbar*, wenn es eine φ-konvergente Folge von Treppenfunktionen $\{s_n\}_{n=1,2,\ldots}$ gibt mit $f = \underset{\varphi}{\lim}\, s_n$.

Man sieht leicht, daß alle summierbaren und alle stetigen Funktionen meßbar sind.

Summe und Produkt von meßbaren Funktionen sind meßbar, d.h., die meßbaren Funktionen bilden eine $\mathbb{R}$-Algebra. Diese ist weiterhin abgeschlossen in bezug auf lim- sowie abzählbare, inf- und sup-Bildung:

Lemma 10.6.1. (i) *Sei* $\{f_n\}$ *eine φ-konvergente Folge meßbarer Funktionen. Dann ist* $f = \lim_{\varphi \; n \to \infty} f_n$ *meßbar.*

(ii) *Sei* $\{f_n\}$ *eine Folge meßbarer Funktionen, die nach unten (bzw. nach oben) φ-beschränkt ist. Dann ist* $\inf f_n$ *(bzw.* $\sup f_n$*) meßbar.*

Sehr wichtig ist der folgende Satz:

Satz 10.6.2. *Sei f meßbar und g summierbar und* $|f| \underset{\varphi}{\leq} g$. *Dann ist f summierbar.*

Beweis: Es ist $f = \sup(f, 0) + \inf(f, 0)$. Also genügt es, die Behauptung für $f \underset{\varphi}{\geq} 0$ zu beweisen. Sei $f = \underset{\varphi}{\lim_{i \to \infty}} f_i$ mit Treppenfunktionen $f_i \geq 0$. Dann ist $f = \lim_{i \to \infty} \inf(f_i, g)$, und $\inf(f_i, g)$ ist summierbar. Nach dem Satz von LEBESGUE folgt die Behauptung.

Korollar 10.6.3. *Sei f meßbar und $|f|$ summierbar. Dann ist f summierbar.*

Korollar 10.6.4. *Sei f summierbar, g meßbar und φ-beschränkt. Dann ist $f \cdot g$ summierbar.*

10.7. Anwendungen des Satzes von Beppo Levi

Lemma 10.7.1. *Sei $f \geq 0$. Dann gilt: $f \underset{\varphi}{=} 0 \Leftrightarrow f$ ist summierbar und $\int f \, d\varphi = 0$.*

Beweis: „$\Rightarrow$" folgt aus der Definition des Lebesgue-Integrales, denn φ-gleiche Funktionen haben gleiche Integrale.

„$\Leftarrow$" Definiere $f_k = k \cdot f$. Dann ist $\{f_k\}_{k=1,2,\ldots}$ eine φ-monoton steigende Folge summierbarer Funktionen. Es gilt $\int f_k \, d\varphi = 0$. Nach dem Satz von BEPPO LEVI ist $\{f_k\}_{k=1,2,\ldots}$ also φ-konvergent. $\{f_k(x)\}$ konvergiert genau dann nicht, wenn $f(x) \neq 0$. Also ist $\{x \mid f(x) \neq 0\}$ eine Nullmenge, also $f \underset{\varphi}{=} 0$, q.e.d.

Lemma 10.7.2 (FATOU). *Sei $\{f_n\}_{n=1,2,\ldots}$ eine φ-konvergente Folge summierbarer Funktionen. Sei $f_n \geq 0$ für alle n und $f \underset{\varphi}{=} \lim f_n$. Es gelte $\int f_n \, d\varphi \leq A$ für alle n. Dann ist f summierbar, und es gilt*

$$\int f \, d\varphi \leq A.$$

Beweis: Sei $h_k := \inf(f_k, f_{k+1}, \ldots)$. Nach 10.6.1 ist h_k meßbar, und wegen $h_k \underset{\varphi}{=} |h_k| \underset{\varphi}{\leq} f_k$ ist h_k auch summierbar. Die Folge $\{h_k\}_{k=1,2,\ldots}$ ist monoton steigend und hat eine beschränkte Integralfolge. Sie ist also nach dem Satz von BEPPO LEVI φ-konvergent, ihre Grenzfunktion ist summierbar, und es gilt:

$$\int (\lim_{k \to \infty} h_k) \, d\varphi \leq A.$$

Es bleibt also zu zeigen
$$f \underset{\varphi}{=} \lim_{k \to \infty} h_k.$$

Es gibt eine φ-Nullmenge N, so daß für alle $x \in X - N$ und $\varepsilon > 0$ ein n_0 existiert mit $|f(x) - f_n(x)| < \varepsilon$ für alle $n \geq n_0$. Also

$$|f(x) - h_n(x)| < \varepsilon, \quad \text{q.e.d.}$$

Ein Steilkurs über das Lebesgue-Integral

10.8. Meßbare und summierbare Mengen

Sei X eine Menge, $E \subset X$. Die charakteristische Funktion χ_E von E ist definiert durch

$$\chi_E(x) := 1 \quad \text{für} \quad x \in E, \quad \chi_E(x) := 0 \quad \text{für} \quad x \in X - E.$$

Eine Menge $E \subset \mathbb{R}^n$ heißt *meßbar*, wenn ihre charakteristische Funktion χ_E meßbar ist. Sie heißt *summierbar*, wenn χ_E summierbar ist. In diesem Fall definieren wir

$$\varphi(E) = \int \chi_E \, d\varphi.$$

Auf Intervallen stimmt diese Definition von φ offenbar mit der alten überein.

Durchschnitte und Vereinigungen abzählbar vieler meßbarer Mengen sind meßbar, denn inf und sup abzählbar vieler meßbarer Funktionen sind meßbar. Das Komplement einer meßbaren Menge ist meßbar. Offene Mengen und abgeschlossene Mengen sind meßbar.

Lemma 10.8.1. *Sei* $f : \mathbb{R}^n \to \mathbb{R}$ *meßbar. Dann ist* $M = \{x \in \mathbb{R}^n \,|\, f(x) > 0\}$ *meßbar.*

Beweis: Die Funktionen

$$F_i = i \left(\inf \left(f, \frac{1}{i} \right) - \inf (f, 0) \right)$$

sind meßbar. Die Folge $\{F_i\}$ konvergiert gegen χ_M. Also ist χ_M, und damit M meßbar.

Sei $f : \mathbb{R}^n \to \mathbb{R}$ eine beliebige Funktion. Es sei $\sigma(f) : \mathbb{R}^n \to \mathbb{R}$ die Vorzeichen-Funktion von f, d. h. $\sigma(f)(x) = 1, 0, -1$, falls $f(x) > 0, = 0, < 0$. Aus dem letzten Lemma folgt sofort, daß mit f auch $\sigma(f)$ meßbar ist.

Sei E meßbar, $f : E \to \mathbb{R}$ eine beliebige Funktion. Dann sei $f^* : \mathbb{R}^n \to \mathbb{R}$ definiert durch

$$f^*(x) := \begin{cases} f(x) & \text{für} \quad x \in E \\ 0 & \text{für} \quad x \in \mathbb{R}^n - E. \end{cases}$$

f heißt meßbar auf E, falls f^* meßbar ist. f heißt summierbar auf E, falls f^* summierbar ist. Dann ist das Integral von f über E definiert durch

$$\int_E f \, d\varphi = \int f^* \, d\varphi.$$

Es sei $\mathfrak{S}_2(E, \varphi)$ der Vektorraum der auf E definierten und dort summierbaren Funktionen. Die Sätze von LEBESGUE und BEPPO LEVI gelten wörtlich auch für Funktionen aus $\mathfrak{S}_2(E, \varphi)$.

10.9. Das Lebesgue-Stieltjes-Integral

Mittels einer monoton steigenden Funktion $f: \mathbb{R} \to \mathbb{R}$ kann man folgendermaßen ein Maß
$$\varphi_f: \mathfrak{S}^1 \to \mathbb{R}$$
definieren.

Sei $f(x+) := \lim_{n \to \infty} f(x+1/n)$ und $f(x-) := \lim_{n \to \infty} f(x-1/n)$. Nun definieren wir

$$\varphi_f(a, b) := f(b-) - f(a+),$$
$$\varphi_f\langle a, b) := f(b-) - f(a-),$$
$$\varphi_f(a, b\rangle := f(b+) - f(a+),$$
$$\varphi_f\langle a, b\rangle := f(b+) - f(a-).$$

Man verifiziert leicht, daß φ_f ein Maß ist.

Sei $g \in \mathfrak{C}_2(\mathbb{R}, \varphi_f)$. Das Lebesgue-Integral $\int g \, d\varphi_f$ nennt man oft auch Stieltjes-Integral (mit der Gewichtsfunktion f) und schreibt statt $\int g \, d\varphi_f$ üblicherweise $\int g \, df$.

10.10. Der Satz von Fubini

Mittels des Satzes von FUBINI wird die Berechnung eines „n-dimensionalen Integrales" auf die Berechnung von Integralen über $\mathbb{R}$ zurückgeführt.

Satz 10.10.1 (FUBINI). *Sei* $\mathbb{R}^n = \mathbb{R}^p \times \mathbb{R}^q$ *und seien* φ_1, φ_2 *Maße auf* $\mathbb{R}^p$ *bzw.* $\mathbb{R}^q$. *Es sei* $\varphi = \varphi_1 \times \varphi_2$ *das Produktmaß und* $f: \mathbb{R}^n \to \mathbb{R}$ φ-*summierbar. Dann gilt:*

(i) *Für alle x außerhalb einer φ_1-Nullmenge N von $\mathbb{R}^p$ ist die Funktion* $f_x: \mathbb{R}^q \to \mathbb{R}, f_x(y) = f(x, y)$, φ_2-*summierbar.*

(ii) *Die somit φ_1-definierte Funktion*

$$F: \mathbb{R}^p \to \mathbb{R}; \quad F(x) = \int_{\mathbb{R}^q} f_x \, d\varphi_2$$

ist φ_1-summierbar.

(iii) *Es gilt*

$$\int_{\mathbb{R}^p} F \, d\varphi_1 = \int_{\mathbb{R}^n} f \, d\varphi.$$

Die letzte Gleichung schreibt man in sinnfälliger Weise auch

$$\int_{\mathbb{R}^p} \left(\int_{\mathbb{R}^q} f(x, y) \, d\varphi_2 \right) d\varphi_1 = \int_{\mathbb{R}^n} f(x, y) \, d\varphi_1 \, d\varphi_2 = \int_{\mathbb{R}^q} \left(\int_{\mathbb{R}^p} f(x, y) \, d\varphi_1 \right) d\varphi_2.$$

Der Satz von FUBINI hat folgende Umkehrung:

Satz 10.10.2 (TONELLI). *Die Bezeichnungen seien dieselben wie im Satz von* FUBINI. *Die Funktion* $f: \mathbb{R}^n \to \mathbb{R}$ *sei meßbar und habe folgende Eigenschaften:*

(i) *Für alle* x *außerhalb einer* φ_1-*Nullmenge* N *von* $\mathbb{R}^p$ *sei* f_x *summierbar.*

(ii) *Die* φ_1-*definierte Funktion* $F: \mathbb{R}^p \to \mathbb{R}$, $F(x) = \int_{\mathbb{R}^q} |f(x,y)| \, d\varphi_2$, *sei summierbar.*

Dann ist f *summierbar.*

Beispiele zeigen, daß die Absolutstriche in der Definition von F nicht fehlen dürfen.

Übungsaufgaben

1. Sei m die in 10.1.(ii) definierte diskrete Massenverteilung mit N abzählbar. Was sind bezüglich dieses Maßes die Nullmengen, die Äquivalenzklassen φ-gleicher Funktionen, die summierbaren Funktionen, die meßbaren Funktionen, die summierbaren Mengen. Wie lautet der Satz von FUBINI?

2. Eine Familie $\mathfrak{F}$ von Funktionen $\mathbb{R} \to \mathbb{R}$ heißt *monoton*, wenn mit jeder monotonen punktweise konvergenten Folge f_i von Funktionen aus $\mathfrak{F}$ auch der Grenzwert f in $\mathfrak{F}$ liegt. Die kleinste monotone Familie, die alle stetigen Funktionen enthält, heißt die Familie der Baireschen Funktionen und wird mit $\mathfrak{B}$ bezeichnet. Zeige: $\mathfrak{B}$ ist $\mathbb{R}$-Algebra, $\mathfrak{B}$ ist abgeschlossen bezüglich abzählbarer sup- und inf-Bildung. Ist φ ein beliebiges Maß, so sind die Baireschen Funktionen φ-meßbar.

§ 11. Die normierten Räume $L^p(\mathbb{R}^n, \varphi)$

Sei $\varphi: \mathfrak{S}^n \to \mathbb{R}$ ein Maß, d.h. eine monotone, additive und reguläre Intervall-Funktion. Begriffe wie „summierbar", „Nullmenge", ... beziehen sich im folgenden auf φ.

Für jede reelle Zahl $p > 0$ sei

$$\tilde{L}^p = \tilde{L}^p(\mathbb{R}^n, \varphi) = \{f: \mathbb{R}^n \to \mathbb{R} \mid f \text{ meßbar}, |f|^p \text{ summierbar}\}.$$

Insbesondere ist also (vgl. 10.6.3)

$$\tilde{L}^1(\mathbb{R}^n, \varphi) = \mathfrak{C}_2(\mathbb{R}^n, \varphi).$$

Lemma 11.1. $\tilde{L}^p(\mathbb{R}^n, \varphi)$ *ist reeller Vektorraum.*

Beweis: Mit $f \in \tilde{L}^p$ und $\lambda \in \mathbb{R}$ ist natürlich auch $\lambda f \in \tilde{L}^p$. Es seien $f, g \in \tilde{L}^p$. Die Funktion $f + g$ ist meßbar, und es gilt

$$|f+g|^p \leq (|f|+|g|)^p \leq (2\sup(|f|,|g|))^p$$
$$= 2^p \sup(|f|^p, |g|^p).$$

Nach Voraussetzung sind $|f|^p, |g|^p$ summierbar, also ist $2^p \sup(|f|^p, |g|^p)$ summierbar. Da $|f+g|^p$ meßbar ist, ist nach 10.6.2 $|f+g|^p$ auch summierbar.

Definition 11.2. Für $f \in \tilde{L}^p(\mathbb{R}^n, \varphi)$ sei

$$\|f\|_p = (\int |f|^p \, d\varphi)^{1/p}.$$

Das so definierte $\|\ \|_p$ ist zunächst keine Norm, denn es gilt nach 10.7.1

$$\|f\|_p = 0 \Leftrightarrow f \underset{\varphi}{=} 0.$$

Es sei N der Untervektorraum aller Funktionen aus $\tilde{L}^p$, die fast überall verschwinden:

$$N = \{f \in \tilde{L}^p \mid f \underset{\varphi}{=} 0\}.$$

Es sei L^p der Quotientenraum

$$L^p = L^p(\mathbb{R}^n, \varphi) = \tilde{L}^p(\mathbb{R}^n, \varphi)/N.$$

Dann ist $\|\ \|_p$ auch auf L^p erklärt, da $\int |f|^p \, d\varphi = \int |g|^p \, d\varphi$, wenn $f \underset{\varphi}{=} g$.

Im folgenden werden wir oft für ein Element $\tilde{f}$ von L^p, also für eine Äquivalenzklasse φ-gleicher Funktionen, einen Vertreter f wählen und statt $\tilde{f}$ einfach f schreiben, z.B. $\|f\|_p$ etc.

Satz 11.3. *Für $p \geq 1$ ist der Vektorraum $L^p(\mathbb{R}^n, \varphi)$ zusammen mit der Funktion $\|\ \|_p$ ein reeller normierter Raum.*

Beweis: Die Eigenschaft 5.4 (i) ist mit der Bemerkung nach 11.2 erledigt, 5.4 (ii) ist trivial. Zum Beweis der Dreiecksungleichung unterscheiden wir den Fall $p = 1$ — dann ist sie trivial:

$$\|f+g\|_1 = \int |f+g| \, d\varphi \leq \int (|f|+|g|) \, d\varphi = \|f\|_1 + \|g\|_1$$

— und den Fall $p > 1$, in dem wir einige Vorbereitungen benötigen:

Zunächst wird ein Lemma bewiesen, das die bekannte Tatsache verallgemeinert, daß das geometrische Mittel kleiner ist als das arithmetische.

Die normierten Räume $L^p(\mathbb{R}^n, \varphi)$ 53

Lemma 11.4. *Es gelte $a, b \geq 0$, $p, q > 1$ und $1/p + 1/q = 1$. Dann gilt:*

$$a \cdot b \leq \frac{a^p}{p} + \frac{b^q}{q}.$$

Beweis: Zunächst gilt für $p, q > 1$:

$$\frac{1}{p} + \frac{1}{q} = 1 \Leftrightarrow p + q = pq \Leftrightarrow (p-1)(q-1) = 1.$$
$$\Leftrightarrow p(q-1) = q \Leftrightarrow q(p-1) = p.$$

Gilt speziell $b = a^{p-1}$, so folgt $a \cdot b = a^p$ und

$$\frac{a^p}{p} + \frac{(a^{p-1})^q}{q} = a^p \left(\frac{1}{p} + \frac{1}{q} \right) = a^p.$$

In diesem Fall steht also in der behaupteten Ungleichung das Gleichheitszeichen.

Wir bestimmen nun für festes $a \geq 0$ das Minimum der Funktion

$$b \mapsto \frac{a^p}{p} + \frac{b^q}{q} - a \cdot b, \quad b \geq 0.$$

Es gilt:
$$\frac{d}{db}\left(\frac{a^p}{p} + \frac{b^q}{q} - a \cdot b \right) = b^{q-1} - a;$$

Die Ableitung verschwindet also genau für $b^{q-1} = a$

$$\Leftrightarrow (b^{q-1})^{p-1} = a^{p-1} \Leftrightarrow b = a^{p-1}.$$

Man sieht sofort, daß an dieser Stelle ein absolutes Minimum vorliegt.

Wir haben schon nachgerechnet, daß die Funktion dort den Wert 0 annimmt, also

$$\frac{a^p}{p} + \frac{b^q}{q} - a \cdot b \geq 0, \quad \text{q.e.d.}$$

Satz 11.5. *Sei $p > 1$, $q > 1$, $1/p + 1/q = 1$, $f \in L^p(\mathbb{R}^n, \varphi)$, $g \in L^q(\mathbb{R}^n, \varphi)$. Dann gilt*

$$f \cdot g \in L^1(\mathbb{R}^n, \varphi)$$

und

$$\|f \cdot g\|_1 \leq \|f\|_p \|g\|_q \quad \text{(Höldersche Ungleichung)}.$$

Beweis: Wir hatten definiert:

$$\|f\|_p = (\int |f|^p \, d\varphi)^{1/p}$$

und

$$\|g\|_q = (\int |g|^q \, d\varphi)^{1/q}.$$

Für $\|f\|_p = 0$ oder $\|g\|_q = 0$ ist die Behauptung trivial. Wir nehmen nun an $\|f\|_p \neq 0$, $\|g\|_q \neq 0$.

Seien $\tilde{f}$ bzw. $\tilde{g}$ Repräsentanten von f bzw. g, d.h. $\tilde{f} \in f$, $\tilde{g} \in g$. Nach dem letzten Lemma gilt:

$$\frac{|\tilde{f}(x)|}{\|f\|_p} \cdot \frac{|\tilde{g}(x)|}{\|g\|_q} \underset{\varphi}{\leq} \frac{1}{p} \frac{|\tilde{f}(x)|^p}{\|f\|_p^p} + \frac{1}{q} \frac{|\tilde{g}(x)|^q}{\|g\|_q^q}.$$

Nach Voraussetzung steht auf der rechten Seite eine summierbare Funktion und auf der linken eine meßbare. Also ist die Funktion auf der linken Seite summierbar. Weil $\tilde{f} \cdot \tilde{g}$ meßbar ist, ist $f \cdot g$ auch summierbar.

Damit ergibt sich durch Integration die Behauptung:

$$\frac{1}{\|f\|_p \|g\|_q} \int |fg| \, d\varphi \leq \frac{1}{p} \frac{\int |f|^p \, d\varphi}{\|f\|_p^p} + \frac{1}{q} \frac{\int |g|^q \, d\varphi}{\|g\|_q^q}$$
$$= \frac{1}{p} + \frac{1}{q} = 1.$$

Wir kommen nun zum Beweis von 11.3. Für $f, g \in L^p$, $p > 1$ ist noch zu zeigen

$$\|f+g\|_p \leq \|f\|_p + \|g\|_p.$$

(Das ist die *Minkowskische Ungleichung*.) Es gilt:

$$|f+g|^p = |f+g|^{p-1}(|f+g|)$$
$$\leq |f+g|^{p-1}|f| + |f+g|^{p-1}|g|.$$

Alle Funktionen, die in diesen beiden Zeilen stehen, sind meßbar.

Sei $q > 1$ mit $1/p + 1/q = 1$. Es gilt $|f+g|^{p-1}$ ist aus $L^q(\mathbb{R}^n, \varphi)$, denn $|f+g|^{(p-1)q} = |f+g|^p$ ist summierbar, da $f, g \in L^p(\mathbb{R}^n, \varphi)$. Wir können also die Höldersche Ungleichung anwenden:

$$\int |f+g|^p \, d\varphi \leq (\int |f+g|^p \, d\varphi)^{1/q} (\int |f|^p \, d\varphi)^{1/p}$$
$$+ (\int |f+g|^p \, d\varphi)^{1/q} (\int |g|^p \, d\varphi)^{1/p}.$$

Ist $|f+g| = 0$, so ist die Behauptung trivial. Anderenfalls dividieren wir beide Seiten durch $(\int |f+g|^p \, d\varphi)^{1/q}$. Es ergibt sich:

$$(\int |f+g|^p \, d\varphi)^{1/p} \leq (\int |f|^p \, d\varphi)^{1/p} + (\int |g|^p \, d\varphi)^{1/p}, \quad \text{q.e.d.}$$

Wir ergänzen die Überlegungen dieses Paragraphen noch durch die Einführung eines Raumes $L^\infty(\mathbb{R}, \varphi)$. Sei

$$\tilde{L}^\infty = \tilde{L}^\infty(\mathbb{R}^n, \varphi) = \{f: \mathbb{R}^n \to \mathbb{R} \mid f \text{ meßbar, und } \varphi\text{-beschränkt}\}.$$

Dabei heißt „φ-beschränkt" „beschränkt außerhalb einer Nullmenge".
Es sei N wieder der Raum, der fast überall verschwindenden Funktionen in $\tilde{L}^\infty$. Dann sei

$$L^\infty = L^\infty(\mathbb{R}^n, \varphi) = \tilde{L}^\infty(\mathbb{R}^n, \varphi)/N.$$

Eine Norm für L^∞ wird folgendermaßen definiert: Sei $\tilde{f} \in \tilde{L}^\infty$ und

$$\|\tilde{f}\|_\infty = \inf\{c \in \mathbb{R} \mid \text{außerhalb einer Nullmenge gilt } |\tilde{f}(x)| < c\}.$$

Dann gilt

$$\|\tilde{f}\|_\infty = 0 \Leftrightarrow \tilde{f} \in N,$$

also können wir $\|\ \|_\infty$ auf L^∞ definieren.

Satz 11.6. *Das Paar* $(L^\infty(\mathbb{R}^n, \varphi), \|\ \|_\infty)$ *ist reeller normierter Raum.*

Beweis: Die Eigenschaften 5.4(i), (ii) sind offensichtlich erfüllt, (iii) folgt sofort aus der Ungleichung $|f+g| \leq_\varphi |f| + |g|$.

Wir wollen auch noch die Höldersche Ungleichung für diesen Fall notieren:

Ist $f \in L^1(\mathbb{R}^n, \varphi)$ und $g \in L^\infty(\mathbb{R}^n, \varphi)$, so gilt nach 10.6.4

$$f \cdot g \in L^1(\mathbb{R}^n, \varphi) \quad \text{und} \quad \int |f \cdot g|\, d\varphi = \|f \cdot g\|_1 \leq \|f\|_1 \|g\|_\infty.$$

Wir führen jetzt noch zwei leichte Verallgemeinerungen der L^p-Räume ein:

Für eine beliebige meßbare Menge $E \subset \mathbb{R}^n$ kann man von auf E definierten Funktionen ausgehend nach demselben Verfahren wie bei den L^p-Räumen normierte Räume $L^p(E, \varphi)$ definieren. Die Abbildung

$$f \mapsto f^* \quad \text{mit} \quad f^*(x) = \begin{cases} f(x) & \text{falls} \quad x \in E \\ 0 & \text{falls} \quad x \notin E \end{cases}$$

(vgl. 10.8) definiert offenbar eine lineare isometrische Abbildung

$$L^p(E, \varphi) \to L^p(\mathbb{R}^n, \varphi).$$

Ferner kann man an Stelle von reellwertigen Funktionen auch komplexwertige Funktionen betrachten und kommt so zu komplexen normierten Räumen

$$L^p_\mathbb{C}(\mathbb{R}^n, \varphi) \quad \text{bzw.} \quad L^p_\mathbb{C}(E, \varphi).$$

Die Zerlegung einer Funktion in Realteil und Imaginärteil liefert natürlich einen kanonischen Isomorphismus

$$L^p_\mathbb{C}(E, \varphi) \cong L^p(E, \varphi) \times L^p(E, \varphi).$$

Wir untersuchen nun die Räume $L^p(\mathbb{R}^n, \varphi)$ für einige spezielle Intervall-Funktionen φ.

a) Der einfachste Fall ist offenbar der, daß φ auf denjenigen beschränkten Intervallen, die einen bestimmten Punkt, z.B. den Nullpunkt enthalten, den Wert 1 annimmt und auf allen anderen verschwindet. Dann ist $L^p(\mathbb{R}^n, \varphi) \cong \mathbb{R}$ und $\|\ \|_p$ der absolute Betrag.

b) Nimmt φ auf zwei verschiedenen Punkten den Wert 1 an und verschwindet φ für alle beschränkten Intervalle, die keinen dieser Punkte enthalten, so ist $L^p(\mathbb{R}^n, \varphi) \cong \mathbb{R}^2$ und $\|(x_1, x_2)\|_p = (|x_1|^p + |x_2|^p)^{1/p}$. Die Höldersche Ungleichung lautet in diesem Fall

$$|x_1 \cdot y_1| + |x_2 \cdot y_2| \leq (|x_1|^p + |x_2|^p)^{1/p} (|y_1|^q + |y_2|^q)^{1/q}.$$

c) Analog sind die Verhältnisse bei k ausgezeichneten Punkten.

d) Sei nun $\varphi = m$ die in 10.1 (ii) definierte diskrete Massenverteilung mit abzählbarem N und $m(x) = 1$ für alle $x \in N$. Jedes Element von $L^r(\mathbb{R}^n, m)$ wird dann durch eine eindeutig bestimmte Folge $\{x_i\}_{i \in \mathbb{N}}$ repräsentiert. Eine Folge $\{x_i\}_{i \in \mathbb{N}}$ repräsentiert genau dann ein Element aus $L^p(\mathbb{R}^n, m)$, wenn $\sum\limits_{i=1}^{\infty} |x_i|^p$ konvergiert.

Die Höldersche Ungleichung lautet

$$\sum_{i=1}^{\infty} |x_i|\,|y_i| \leq \left(\sum_{i=1}^{\infty} |x_i|^p\right)^{1/p} \left(\sum_{i=1}^{\infty} |y_i|^q\right)^{1/q}.$$

Den Raum $L^p(\mathbb{R}, m)$ bezeichnet man auch mit l^p; insbesondere heißt l^2 der *Hilbertsche Folgenraum*.

Lemma 11.7. *Sei $0 < r \leq s$ und $\{a_i\}_{i=1,2,\ldots}$ eine Folge mit lauter positiven Gliedern. Ist die Reihe $\sum\limits_{i=1}^{\infty} a_i^r$ konvergent, so konvergiert auch die Reihe $\sum\limits_{i=1}^{\infty} a_i^s$, und es gilt*

$$\left(\sum_{i=1}^{\infty} a_i^s\right)^{1/s} \leq \left(\sum_{i=1}^{\infty} a_i^r\right)^{1/r} \quad (Jensensche\ Ungleichung).$$

Beweis: Für $\sum\limits_{i=1}^{\infty} a_i^r = 0$ ist die Behauptung richtig. Sei $\sum\limits_{i=1}^{\infty} a_i^r \neq 0$. O.B.d.A. können wir annehmen $\sum\limits_{i=1}^{\infty} a_i^r = 1$. Dann folgt für alle i, daß $a_i \leq 1$, also $a_i^s \leq a_i^r$, also konvergiert $\sum\limits_{i=1}^{\infty} a_i^s$, und es gilt: $\left(\sum\limits_{i=1}^{\infty} a_i^s\right)^{1/s} \leq 1$, q.e.d.

Dieses Lemma besagt, daß für $0 < r \leq s$ gilt $l^r \subset l^s$. Man kann zeigen, daß für $r < s$ diese Inklusion echt ist.

Wir werden später zeigen, daß L^p; für $p > 1$ kanonisch isomorph zum Dualraum von L^q ist, wobei $\frac{1}{p} + \frac{1}{q} = 1$. Zur Vorbereitung zeigen wir hier schon

Lemma 11.8. *Es ist in kanonischer Weise eine Abbildung*

$$j: L^p(\mathbb{R}^n, \varphi) \to L^q(\mathbb{R}^n, \varphi)'$$

definiert durch

$$j(f)(g) := \int f g \, d\varphi.$$

Diese Abbildung ist eine lineare Isometrie.

Beweis: Das Integral existiert wegen 11.5. Offensichtlich ist $j(f)$ linear. Die Beschränktheit (gleich Stetigkeit) folgt aus der Hölderschen Ungleichung. Ebenso offensichtlich ist die Abbildung j linear, und die Beschränktheit folgt wiederum aus der Hölderschen Ungleichung.

Wir haben noch zu zeigen, für alle $f \in L^p$ gibt es ein $g \in L^q$ mit

$$\left| \int f g \, d\varphi \right| = \|f\|_p \|g\|_q.$$

Sei σ die Vorzeichenfunktion von f und $g = \sigma |f|^{p-1}$. Dann ist g meßbar und $|g|^q = |f|^p$, also $g \in L^q$, und es gilt

$$\left| \int f g \, d\varphi \right| = \int |f g| \, d\varphi = \int |f|^p \, d\varphi$$
$$= (\int |f|^p \, d\varphi)^{1/p} (\int |f|^p \, d\varphi)^{1/q} = \|f\|_p \|g\|_q, \quad \text{q.e.d.}$$

§ 12. Der Satz von Riesz-Fischer über die Vollständigkeit der Räume L^p

Satz 12.1 (RIESZ-FISCHER). *Der normierte Raum $L^p(\mathbb{R}^n, \varphi)$ ist vollständig für alle $p \geq 1$ und $p = \infty$.*

Beweis: Sei zunächst $p \neq \infty$. Sei $\{f_i\}_{i=1,2,\ldots}$ Cauchy-Folge in L^p, d.h.

$$\|f_n - f_m\|_p < \varepsilon$$

für genügend große n, m. Der Beweis besteht aus drei Schritten: Im ersten wird die Limesfunktion f konstruiert, im zweiten wird gezeigt $f \in L^p$, und im dritten wird $\{f_i\} \to f$ (im Sinne der $\| \|_p$-Norm) bewiesen.

Zu der Folge $\varepsilon_k = 1/2^k$, $k = 1, 2, \ldots$ gibt es eine Folge natürlicher Zahlen $m_1 < m_2 < \ldots$ mit

$$\|f_n - f_{m_k}\|_p < \frac{1}{2^k} \quad \text{für} \quad n > m_k.$$

58   *Die Räume $L^p(\mathbb{R}^n, \varphi)$*

Sei χ die charakteristische Funktion eines nichtentarteten beschränkten Intervalles. Wir betrachten die Reihe

$$\sum_{k=1}^{\infty} |f_{m_{k+1}} - f_{m_k}| \chi.$$

Nach Satz 11.5 ist $|f_{m_{k+1}} - f_{m_k}| \chi$ summierbar, denn

$$|f_{m_{k+1}} - f_{m_k}| \in L^p, \quad \chi \in L^q; \quad \frac{1}{p} + \frac{1}{q} = 1.$$

Die Partialsummen der Reihe bilden also eine monoton steigende Folge summierbarer Funktionen. Die zugehörige Integralfolge

$$\left\{ \sum_{k=1}^{l} \int |f_{m_{k+1}} - f_{m_k}| \chi \, d\varphi \right\}_{l=1,2,\ldots}$$

ist beschränkt, denn nach der Hölderschen Ungleichung gilt

$$\sum_{k=1}^{l} \int |f_{m_{k+1}} - f_{m_k}| \chi \, d\varphi \leq \sum_{k=1}^{\infty} 2^{-k} \|\chi\|_q.$$

Also sind die Voraussetzungen des Satzes von B. Levi erfüllt, d.h. die Reihe

$$\sum_{k=1}^{\infty} |f_{m_{k+1}} - f_{m_k}| \chi$$

ist φ-konvergent für alle χ.

Der $\mathbb{R}^n$ ist Vereinigung abzählbar vieler beschränkter Intervalle. Da die Vereinigung abzählbar vieler Nullmengen wieder eine Nullmenge ist, folgt:

$$\sum_{k=1}^{\infty} |f_{m_{k+1}} - f_{m_k}|$$

ist φ-konvergent. Also ist auch die Reihe $\sum_{k=1}^{\infty} (f_{m_{k+1}} - f_{m_k})$ φ-konvergent, d.h., die Folge $\{f_{m_k}\}_{k=1,2,\ldots}$ ist φ-konvergent. Sei also $f = \lim_{k \to \infty} f_{m_k}$. Dann ist f meßbar als Limes meßbarer Funktionen. Die Folge $\{|f_{m_k}|^p\}_{k=1,2,\ldots}$ ist φ-konvergent gegen $|f|^p$. Die Integralfolge $\{\|f_{m_k}\|_p^p\}_{k=1,2,\ldots}$ ist beschränkt, denn wir sind von einer Cauchy-Folge ausgegangen. Sei also $\|f_{m_k}\|_p^p < A$ für alle k. Dann ist nach dem Lemma von Fatou $|f|^p$ summierbar. Wir haben also bewiesen $f \in L^p$.

Wir zeigen nun $\{f_i\}_{i=1,2,\ldots}$ konvergiert gegen f in $L^p(\mathbb{R}^n, \varphi)$.

Der Satz von Riesz-Fischer über die Vollständigkeit der Räume L^p 59

Sei $k > r$, also $m_k > m_r$ und $n > m_r$. Es gilt:
$$\|f_n - f_{m_k}\|_p \leq \|f_n - f_{m_r}\|_p + \|f_{m_r} - f_{m_k}\|_p \leq 2^{-r+1}.$$
Die Folge $\{|f_n - f_{m_k}|^p\}_{k=1,2,\ldots}$ (∗) ist φ-konvergent gegen $|f_n - f|^p$. Die Folge (∗) erfüllt die Voraussetzungen des Lemmas von FATOU. Aus der Abschätzung
$$\|f_n - f_{m_k}\|_p^p \leq (2^{-r+1})^p$$
der Integralfolge folgt dann
$$\int |f_n - f|^p \, d\varphi \leq 2^{(-r+1)p}, \quad \text{also} \quad \|f_n - f\|_p \leq 2^{-r+1}, \quad \text{q.e.d.}$$

Der Fall $p = \infty$ ist klar: Konvergenz im Sinne von $\|\ \|_\infty$ ist nämlich die übliche gleichmäßige Konvergenz, und der Limes einer Cauchy-Folge beschränkter meßbarer Funktionen ist beschränkt und meßbar.

Korollar 12.2. *Sei $E \subset \mathbb{R}^n$ meßbar. Dann ist für $1 \leq p \leq \infty$ der normierte Raum $L^p(E, \varphi)$ vollständig.*

Beweis: Es ist leicht zu sehen, daß $L^p(E, \varphi)$ abgeschlossen in $L^p(\mathbb{R}^n, \varphi)$ ist, q.e.d.

Übungsaufgaben

1. Sei $E \subset \mathbb{R}^n$ eine meßbare und beschränkte Menge. Dann gilt für $p \geq 1$, daß $L^p(E, \varphi) \subset L^1(E, \varphi)$. (Zeige $\chi_E \in L^q(E, \varphi)$!) Gilt auch $L^p(\mathbb{R}^n, \varphi) \subset L^1(\mathbb{R}^n, \varphi)$? Ist die Inklusion $L^p(E, \varphi) \subset L^1(E, \varphi)$ stetig (bezüglich der L^p- bzw. L^1-Norm)?

2. Sei $\{E_k\}$ eine Folge von meßbaren beschränkten Mengen des $\mathbb{R}^n$ mit $E_1 \subset E_2 \subset \cdots$ und $\mathbb{R}^n = \bigcup E_k$. Dann liegt die Vereinigung der $L^p(E_k, \varphi)$ dicht in $L^p(\mathbb{R}^n, \varphi)$.

KAPITEL IV

Schwache Topologien und reflexive Räume

Wir haben bereits gesagt, daß ein wichtiges Prinzip in der Funktionalanalysis darin besteht, die Untersuchung eines Raumes X mit der Untersuchung des Dualraumes X' zu verbinden. Dies kann z.B. dadurch geschehen, daß man in X die schwache Topologie einführt; das ist die gröbste Topologie von X, in der alle $f \in X'$ stetig sind. In dem Raum X' führt man ferner die schwach-*-Topologie ein; das ist die gröbste Topologie von X', in der alle $x \in X \subset (X')'$ stetig sind. (Vgl. Anhang I.)

Ein wichtiger Satz besagt dann, daß die abgeschlossene Einheitsvollkugel von X' kompakt ist bezüglich der schwach-*-Topologie. Ein weiteres Hauptergebnis besagt, daß die abgeschlossene Einheitsvollkugel von X dicht in der abgeschlossenen Einheitsvollkugel von X'' liegt, dicht bezüglich der schwach-*-Topologie. Aus beiden Sätzen gewinnt man ein Kriterium für das Übereinstimmen der schwachen Topologie und der schwach-*-Topologie: dies ist genau dann der Fall, wenn der Banach-Raum X reflexiv ist, d.h., wenn die kanonische Abbildung $X \to X''$ ein Isomorphismus ist.

In einem weiteren Paragraphen werden diese Ergebnisse angewandt, um einen Ergodensatz zu beweisen. Die Ergodentheorie ist in der statistischen Mechanik entstanden, hat sich dann aber verselbständigt.

§ 13. Schwache Topologien

Sei X normierter $\mathbb{K}$-Vektorraum und X' der Dualraum von X, d.h. der $\mathbb{K}$-Vektorraum der stetigen linearen Abbildungen $f: X \to \mathbb{K}$. Die schwache Topologie von X bezüglich aller dieser Abbildungen (vgl. Anhang I) nennen wir auch einfach *schwache Topologie von X*. Es ist dies die gröbste Topologie von X, in der alle $f \in X'$ stetig sind. Zur Unterscheidung nennen wir die durch die Norm auf X gegebene Topologie, die *Normtopologie*. Offenbar ist die schwache Topologie gröber als die Normtopologie (denn bezüglich der Normtopologie sind alle $f \in X'$ stetig). Das können wir auch so formulieren:

$$\text{id}: (X, \text{Normtopologie}) \to (X, \text{schwache Topologie})$$

ist stetig.

Wir untersuchen jetzt die Eigenschaften der schwachen Topologie von X:

Schwache Topologien 61

Lemma 13.1. *Sei X normierter Raum. Dann ist X bezüglich der schwachen Topologie ein Hausdorff-Raum.*

Beweis: Wir wählen zwei verschiedene Punkte $a, b \in X$. Nach HAHN-BANACH gibt es eine Abbildung $f \in X'$ mit $f(a) \neq f(b)$. Wähle $\varepsilon = \frac{1}{2}|f(a) - f(b)|$. Weil f stetig ist, sind die Punktmengen

$$f^{-1}\big(U(f(a), \varepsilon)\big) \quad \text{und} \quad f^{-1}\big(U(f(b), \varepsilon)\big)$$

offen in der schwachen Topologie. Sie trennen nach Definition die Punkte a, b.

Lemma 13.2. *Sei X normierter Raum. Die Folge $\{x_n\}_{n=1,2,\ldots}$ ist schwach konvergent gegen x_0 (d.h. konvergent bezüglich der schwachen Topologie) genau dann, wenn für alle $f \in X'$ gilt $\lim_{n \to \infty} f(x_n) = f(x_0)$.*

Beweis: „$\Rightarrow$" Sei $\varepsilon > 0$ vorgegeben. Nach Voraussetzung liegen fast alle x_n in $f^{-1}\big(U(f(x_0), \varepsilon)\big)$, also liegt für fast alle n der Wert $f(x_n)$ in $U(f(x_0), \varepsilon)$.

„$\Leftarrow$" Nach Definition der schwachen Topologie liegt in jeder schwach-offenen Menge von X, die x_0 enthält, eine schwach-offene Menge der Form

$$f_1^{-1}(U_1) \cap \ldots \cap f_m^{-1}(U_m),$$

die x_0 enthält, mit $f_i \in X'$, U_i offen in $\mathbb{K}$. Nach Voraussetzung gilt für fast alle n, daß $f_i(x_n) \in U_i$; d.h., fast alle x_n liegen in $f_i^{-1}(U_i)$, d.h., fast alle x_n liegen in $f_1^{-1}(U_1) \cap \ldots \cap f_m^{-1}(U_m)$.

Korollar 13.3. *Ist die Folge $\{x_n\}_{n=1,2,\ldots}$ schwach-konvergent gegen x_0, so ist die Folge $\{\|x_n\|\}_{n=1,2,\ldots}$ beschränkt.*

Beweis: Dies folgt aus dem letzten Lemma und dem Prinzip der gleichmäßigen Beschränktheit 8.2.

Normkonvergenz impliziert natürlich schwache Konvergenz. Wie das folgende Beispiel zeigt, gilt das Umgekehrte nicht.

Beispiel 13.4. Wir betrachten in dem Hilbertschen Folgenraum l^2 die Folge der Einheitsvektoren $\{e_n\}_{n=1,2,\ldots}$ mit $e_n = (0, \ldots, 0, 1, 0, \ldots)$ (die 1 an der n-ten Stelle). Für $n \neq m$ gilt $\|e_n - e_m\| = \sqrt{2}$, d.h., $\{e_n\}$ ist keine Cauchy-Folge, ist also nicht normkonvergent. Wie wir noch sehen werden (19.1) gibt es zu jedem Element $f \in (l^2)'$ eine Folge $\{a_n\} \in l^2$ mit

$$f(\{y_n\}) = \sum_{n=1}^{\infty} a_n y_n; \quad \{y_n\} \in l^2.$$

Also gilt $f(e_n) = a_n$, d.h., für alle $f \in (l^2)'$ gilt $\lim f(e_n) = 0$ (denn $\{a_n\} \in l^2$ ist Nullfolge). Nach Lemma 13.2 ist also $\{e_n\}$ schwach konvergent gegen 0.

Lemma 13.5. *Es seien X, Y normierte Räume und $T: X \to Y$ eine beschränkte, lineare Abbildung. Dann ist T stetig bezüglich der schwachen Topologien von X und Y.*

Beweis: Weil für eine beliebige Abbildung f gilt, daß $f^{-1}(A \cup B) = f^{-1}(A) \cup f^{-1}(B)$ und $f^{-1}(A \cap B) = f^{-1}(A) \cap f^{-1}(B)$, ist nur zu zeigen, daß für $g \in Y'$ die Menge $T^{-1}\big(g^{-1}(U(x_0, \varepsilon))\big)$ schwach-offen in X ist. Diese Menge ist aber gleich $(g \circ T)^{-1}(U(x_0, \varepsilon))$. Wegen $g \circ T \in X'$ ist sie schwach-offen q.e.d.

Sei X ein normierter Raum. Wir hatten bewiesen, daß die kanonische Abbildung $i: X \to X''$ eine lineare Isometrie ist, wir können also X in kanonischer Weise mit einem Unterraum von X'' identifizieren. Die schwache Topologie von X' ist die gröbste Topologie von X', für die alle $F: X' \to \mathbb{K}$, $F \in X''$, stetig sind.

Definition 13.6. *Die schwach-∗-Topologie von X' ist die gröbste Topologie von X', für die alle $F: X' \to \mathbb{K}$ mit $F \in X \subset X''$ stetig sind.*

Die schwach-∗-Topologie enthält weniger offene Mengen als die schwache Topologie, ist also gröber.

Lemma 13.7. *Der Raum X' ist hausdorffsch bezüglich der schwach-∗-Topologie.*

Beweis: Zu $f_1, f_2 \in X'$, $f_1 \neq f_2$ gibt es ein $x \in X$ mit $f_1(x) \neq f_2(x)$. Der Rest des Beweises verläuft wie in 13.1.

Lemma 13.8. *Die Folge $\{f_n\}_{n=1,2,\ldots}$, $f_n \in X'$ ist schwach-∗-konvergent gegen f_0 genau dann, wenn für alle $x \in X$ gilt $\lim_{n \to \infty} f_n(x) = f_0(x)$.*

Beweis: Wie der Beweis von 13.2.

Wir kommen nun zu einem weniger trivialen und wichtigen Resultat über die schwach-∗-Topologie:

Satz 13.9. *Sei X normierter $\mathbb{K}$-Vektorraum. Dann ist die abgeschlossene Vollkugel*
$$B' = \{f \in X' \mid \|f\| \leq 1\}$$
kompakt in der schwach-∗-Topologie von X'.

Schwache Topologien

Beweis: Wir werden zeigen, daß B' abgeschlossene Teilmenge eines geeigneten kompakten Raumes ist. Für alle $x \in X$ sei $Y_x = \mathbb{K}$. Wir definieren

$$\eta: X' \to \prod_{x \in X} Y_x; \quad \eta(f)_x = f(x).$$

Offenbar ist η injektiv; d.h. wir können vermöge η den Raum X' als Teilmenge von $\prod Y_x$ betrachten. Nach Definition stimmt die schwach-$*$-Topologie von X' mit der Teilraum-Topologie in $\prod Y_x$ überein (vgl. Anhang I).

Sei $f \in B'$. Dann gilt

$$|f(x)| \leq \|f\| \|x\| \leq \|x\| \Rightarrow |\eta(f)_x| \leq \|x\|.$$

Also gilt

$$\eta(B') \subset \prod_{x \in X} B_x$$

mit

$$B_x = \{t \in \mathbb{K} \mid |t| \leq \|x\|\}.$$

Nach dem Satz von TYCHONOFF (vgl. Anhang I) ist das Produkt auf der rechten Seite unserer Inklusion kompakt. Es bleibt also zu zeigen, daß $\eta(B')$ abgeschlossen in $\prod_{x \in X} B_x$ ist.

Jedes $f \in \prod Y_x$ kann als eine Abbildung $X \to \mathbb{K}$ angesehen werden.

Sei $f \in \overline{\eta(B')}$. Wir haben zu zeigen, f ist linear und $\|f\| \leq 1$. Für $\xi, \zeta \in X$ ist

$$\left\{ g \in \prod_{x \in X} B_x \mid |g_{\xi+\zeta} - f_{\xi+\zeta}| < \varepsilon;\ |g_\xi - f_\xi| < \varepsilon;\ |g_\zeta - f_\zeta| < \varepsilon \right\}$$

offen, denn diese Menge ist Durchschnitt dreier offener Mengen. Wegen $f \in \overline{\eta(B')}$ gibt es ein $g \in \eta(B')$, das in dieser Umgebung von f liegt. Aus der Linearität von g folgt

$$|f_{\xi+\zeta} - f_\xi - f_\zeta| < 3\varepsilon,$$

d.h., f ist additiv: $f_{\xi+\zeta} = f_\xi + f_\zeta$. Ganz analog erhält man aus den Ungleichungen

$$|g_{\lambda\xi} - f_{\lambda\xi}| < \varepsilon; \quad |\lambda g_\xi - \lambda f_\xi| < \varepsilon$$

für $\lambda \in \mathbb{K}$, $\xi \in X$, daß $f_{\lambda\xi} = \lambda f_\xi$, d.h., f ist homogen. Aus $\|g_x\| \leq \|x\|$ für $g \in B'$ folgt schließlich $\|f_x\| \leq \|x\|$, d.h. $\|f\| \leq 1$, q.e.d.

Für die im folgenden gebrauchten Begriffe der mengentheoretischen Topologie wie „separabel", „1. und 2. Abzählbarkeitsaxiom" verweisen wir auf den Anhang I.

Satz 13.10. *Voraussetzungen und Bezeichnungen seien wie im letzten Satz. Ist X bezüglich der Normtopologie separabel, so erfüllt die Einheitsvollkugel B' in X' (und damit jede beschränkte Menge) das erste Abzählbarkeitsaxiom bezüglich der Relativtopologie der schwach-∗-Topologie von X'.*

Beweis: Wähle $x_1, \ldots, x_r \in X$, $\varepsilon > 0$ und $f \in X'$. Dann ist
$$U(f; x_1, \ldots, x_r; \varepsilon) = \{g \in X' \mid |g(x_i) - f(x_i)| < \varepsilon; \; i = 1, \ldots, r\}$$
Umgebung von f in der schwach-∗-Topologie von X', und jede Umgebung von f enthält eine solche „besondere" Umgebung.

Da X separabel ist, gibt es eine abzählbare Menge $M = \{a_1, a_2, \ldots\}$ in X mit $\overline{M} = X$ (¯ bezieht sich natürlich auf die Normtopologie). Es gibt dann abzählbar viele Umgebungen von f der Gestalt
$$U\left(f; a_{i_1}, \ldots, a_{i_r}; \frac{1}{m}\right).$$

Es bleibt also zu zeigen: Zu $x_1, \ldots, x_r \in X$ und $\varepsilon > 0$ gibt es $a_{i_1}, \ldots, a_{i_r} \in M$ und $m \in \mathbb{N}$ mit

(∗) $\qquad U\left(f; a_{i_1}, \ldots, a_{i_r}; \frac{1}{m}\right) \subset U(f; x_1, \ldots, x_r; \varepsilon).$

Wähle m so, daß $3/m < \varepsilon$, und wähle a_{i_k}, $k = 1, \ldots, r$ mit $\|x_k - a_{i_k}\| < 1/m$. Dann gilt für $g \in U(f; a_{i_1}, \ldots, a_i \; 1/m)$ mit $\|f\|, \|g\| \leq 1$
$$|g(x_k) - f(x_k)| \leq |g(a_{i_k}) - f(a_{i_k})| + |(g - f)(x_k - a_{i_k})|$$
$$\leq \frac{1}{m} + \frac{2}{m} < \varepsilon.$$

Also ist (∗) erfüllt.

Korollar 13.11. *Unter den Voraussetzungen des letzten Satzes gilt: Jede Folge in B' hat eine schwach-∗-konvergente Teilfolge.*

Beweis: Das gilt in kompakten Räumen, die das erste Abzählbarkeitsaxiom erfüllen. (Vgl. Anhang I)

§ 14. Reflexive Räume und schwache Topologien

Definition 14.1. *Der normierte Raum X heißt reflexiv, wenn die kanonische Abbildung $i_X : X \to X''$ surjektiv, also ein Isomorphismus ist.*

Reflexive Räume sind also immer Banach-Räume. Ist X reflexiv, so stimmen die schwache und die schwach-∗-Topologie von X' überein.

Lemma 14.2. *Sei X reflexiver Banach-Raum, L abgeschlossener Unterraum. Dann ist L reflexiv.*

Beweis: Sei $j: L \to X$ die Inklusions-Abbildung. Man hat ein kommutatives Diagramm

$$\begin{array}{ccc} L & \xrightarrow{i_L} & L'' \\ j \downarrow & & \downarrow j'' \\ X & \xrightarrow{i_X} & X'' \end{array}$$

Wir haben zu zeigen: i_L ist surjektiv. Sei $G \in L''$. Wegen der Reflexivität von X gibt es ein $a \in X$ mit $j''(G) = i_X(a)$, d.h., für alle $f \in X'$ gilt $j''(G)(f) = f(a)$. Nun ist aber $j''(G)(f) = G(f|_L)$, also $G(f|_L) = f(a)$. Deswegen gilt $a \in L$, denn sonst gäbe es nach HAHN-BANACH ein f mit $f(a) \neq 0$ und $f|_L = 0$. Also gilt $i_L(a) = G$, denn wiederum nach HAHN-BANACH ist jedes $g \in L'$ Beschränkung einer Abbildung $f \in X'$ auf L.

Korollar 14.3. *Sei X Banach-Raum. Dann gilt*

$$X \text{ reflexiv} \Leftrightarrow X' \text{ reflexiv}.$$

Beweis: „$\Rightarrow$" Aus $i_X: X \cong X''$ folgt wegen 7.9 $i_{X'}: X' \cong X'''$.

„$\Leftarrow$" Ist X' reflexiv, so ist nach „$\Rightarrow$" auch X'' reflexiv. Da X isomorph zu einem abgeschlossenen Teilraum von X'' ist, ist X reflexiv.

Satz 14.4. *Sei X ein Banach-Raum und*

$$B = \{x \in X \mid \|x\| \leq 1\}; \quad B'' = \{G \in X'' \mid \|G\| \leq 1\}.$$

Dann ist B schwach-$*$-dicht in B''.

(Wir betrachten X als Teilraum von X'', also B als Teilmenge von B''. Genauer müßte man sagen: „$i_X(B)$ ist schwach-$*$-dicht in B''.")

Beweis: Sei $G_0 \in B''$. Es ist zu zeigen: Zu vorgegebenen $\varepsilon > 0$ und $f_1, \ldots, f_n \in X'$ gibt es $x \in B$ mit

$$|G_0(f_i) - f_i(x)| < \varepsilon \quad \text{für} \quad i = 1, \ldots, n.$$

Denn in jeder schwach-$*$-offenen Menge von X'' liegt eine solche der Form

$$\{G \in X'' \mid |G_0(f_i) - G(f_i)| < \varepsilon; \; i = 1, \ldots, n\}.$$

Wir formulieren unsere Behauptung also in dem folgenden **Lemma**:

Lemma 14.5. *Seien $G \in B''$ und $f_1, \ldots, f_n \in X'$ gegeben. Sei*

$$k(x) = \sum_{i=1}^{n} |G(f_i) - f_i(x)|^2.$$

Dann gilt
$$\inf_{x \in B} h(x) = 0.$$

Beweis: Es sei $I = \inf_{x \in B} h(x)$. Wir wählen eine Folge $\{a_k\}$ in B mit $\lim h(a_k) = I$. Indem wir statt $\{a_k\}$ eine geeignete Teilfolge wählen, können wir erreichen $\{f_i(a_k)\}_{k=1,2,\ldots}$ ist konvergent für $i = 1, \ldots, n$. Der Limes sei ξ_i. Ferner sei $\delta_i = G(f_i) - \xi_i$, also $I = \sum_{i=1}^{n} |\delta_i|^2$.

Sei $x \in B$ beliebig. Dann gilt für $0 \leq t \leq 1$

$$h\big((1-t)a_k + tx\big) = \sum_{i=1}^{n} |G(f_i) - (1-t) f_i(a_k) - t f_i(x)|^2 \geq I,$$

also wegen $((1-t)a_k + tx) \in B$

$$\sum_{i=1}^{n} |G(f_i) - f_i(a_k)|^2 - 2t \operatorname{Re} \sum_{i=1}^{n} (f_i(x) - f_i(a_k)) \overline{(G(f_i) - f_i(a_k))}$$
$$+ t^2 \sum_{i=1}^{n} |f_i(x) - f_i(a_k)|^2 \geq I.$$

Durch den Grenzübergang $k \to \infty$ erhalten wir

$$I - 2t \operatorname{Re} \sum_{i=1}^{n} (f_i(x) - \xi_i) \overline{(G(f_i) - \xi_i)} + t^2 \sum_{i=1}^{n} |f_i(x) - \xi_i|^2 \geq I,$$

also

$$-2t \operatorname{Re} \sum_{i=1}^{n} (f_i(x) - \xi_i) \overline{\delta}_i + t^2 \sum_{i=1}^{n} |f_i(x) - \xi_i|^2 \geq 0.$$

Aus dieser Ungleichung folgt schließlich ($t \to 0$!)

$$\operatorname{Re} \sum_{i=1}^{n} (f_i(x) - \xi_i) \overline{\delta}_i \leq 0.$$

Nun betrachten wir $f \in X'$ definiert durch

$$f = \sum_{i=1}^{n} \overline{\delta}_i f_i.$$

Wir haben gezeigt, daß für alle $x \in B$ gilt

$$\operatorname{Re} f(x) \leq \operatorname{Re} \sum_{i=1}^{n} \overline{\delta}_i \xi_i.$$

Schwache Topologien 67

Wie man sich leicht überlegt, folgt aus dieser Ungleichung

$$\|f\| \leq \operatorname{Re} \sum_{i=1}^{n} \bar{\delta}_i \xi_i.$$

Andererseits betrachten wir die Folge

$$f(a_k) = \sum_{i=1}^{n} \bar{\delta}_i f_i(a_k); \quad k = 1, 2, \ldots$$

Die rechte Seite konvergiert gegen $\sum_{i=1}^{n} \bar{\delta}_i \xi_i$, also

$$\left| \sum_{i=1}^{n} \bar{\delta}_i \xi_i \right| \leq \|f\|.$$

Damit haben wir bewiesen

$$\|f\| = \sum_{i=1}^{n} \bar{\delta}_i \xi_i.$$

Nun erhalten wir wegen $\|G\| \leq 1$ sofort unsere Behauptung:

$$I = \sum_{i=1}^{n} \bar{\delta}_i \delta_i = \sum_{i=1}^{n} \bar{\delta}_i (G(f_i) - \xi_i) = G(f) - \|f\| \leq 0.$$

Korollar 14.6. *Sei X Banach-Raum, und $G \in B''$; $f_1, \ldots, f_n \in X'$ seien gegeben. Ist B schwach-kompakt, so gibt es ein $x \in B$ mit*

$$G(f_i) = f_i(x); \quad i = 1, \ldots, n.$$

Beweis: Die Funktion

$$h: X \to \mathbb{R}; \quad h(x) = \sum_{i=1}^{n} |G(f_i) - f_i(x)|^2$$

ist stetig bezüglich der schwachen Topologie, nimmt also auf B ihr Infimum 0 an.

Satz 14.7. *Der Banach-Raum X ist genau dann reflexiv, wenn die abgeschlossene Einheitsvollkugel $B = \{x \in X \mid \|x\| \leq 1\}$ schwach-kompakt ist.*

Beweis: Sei X reflexiv. Nach Satz 13.9 ist $B'' = B$ schwach-$*$-kompakt, wegen der Reflexivität von X' also schwach-kompakt.

Die schwache Topologie von X ist die Relativ-Topologie der schwach-∗-Topologie von $X'' \supset X$. Ist nun B schwach-kompakt, so gilt wegen B schwach-∗-dicht in B'', daß $B = B''$, also $X = X''$.

Korollar 14.8. *Der Banach-Raum X ist genau dann reflexiv, wenn die schwache Topologie und die schwach-∗-Topologie von X' übereinstimmen.*

Beweis: Sind die beiden Topologien von X' gleich, so ist die Einheitsvollkugel von X' schwach-kompakt. Also ist X' reflexiv, also ist X reflexiv.

Satz 14.9. *Sei X reflexiver Banach-Raum. Dann ist die Einheitsvollkugel B schwach folgenkompakt.*

Beweis: Sei zunächst X separabel. Dann ist X'' separabel, also ist nach dem folgenden Lemma X' separabel. Die Einheitsvollkugel B'' von X'' erfüllt nach Satz 13.10 das erste Abzählbarkeits-Axiom bezüglich der schwachen Topologie. In dieser Topologie ist B'' außerdem kompakt, also folgenkompakt (vgl. Anhang I). Dasselbe gilt natürlich auch für B. Im allgemeinen Fall sei L die abgeschlossene Hülle des von einer Folge $\{x_n\}$ aus B aufgespannten Teilraumes von X. Dann ist L separabel, nach 14.2 reflexiv, und aus dem schon bewiesenen folgt die Behauptung.

Bemerkung: Ein Satz von EBERLEIN besagt, daß auch die Umkehrung dieses Satzes gilt: Ein Banach-Raum mit schwach folgenkompakter Einheitsvollkugel ist reflexiv.

Lemma 14.10. *Es sei X normierter Raum und X' separabel bezüglich der Normtopologie. Dann ist X separabel bezüglich der Normtopologie.*

Beweis: $M = \{f_1, f_2, \ldots\}$ sei abzählbare Teilmenge von X' mit $\overline{M} = X'$ und $0 \notin M$. Sei $g_i = f_i/\|f_i\|$ und $M_1 = \{g_1, g_2, \ldots\}$. $\overline{M}_1$ ist dann die Einheits-Sphäre in X'. Zu jedem g_i wählen wir ein $x_i \in X$ mit $\|x_i\| = 1$ und $|g_i(x_i)| \geq \frac{1}{2}$.

Sei L die abgeschlossene Hülle des von den x_i aufgespannten Unter-Vektorraumes von X. Wir zeigen nun $L = X$.

Angenommen, L ist verschieden von X. Dann gibt es ein $g \in X'$ mit $\|g\| = 1$ und $g|_L = 0$. Zu g gibt es ein n mit $\|g - g_n\| < \frac{1}{2}$. Aus $g_n(x_n) = (g_n - g)(x_n) + g(x_n)$ ergibt sich der Widerspruch

$$\tfrac{1}{2} \leq |g_n(x_n)| \leq |(g_n - g)(x_n)| \leq \|g_n - g\| < \tfrac{1}{2}.$$

Die gesuchte dichte Menge in X ist dann die Menge aller Linearkombinationen der x_i, deren Koeffizienten rationalen Real- und Imaginärteil haben.

§ 15. Ein Ergodensatz

Ist $T: X \to X$ eine Abbildung, so schreiben wir T^n für $T \circ \cdots \circ T$ (n-mal).

Satz 15.1 (Ergodensatz). *Sei X reflexiver Banach-Raum und $T: X \to X$ eine stetige lineare Abbildung. Es gebe eine Konstante $C \neq 0$, so daß für alle $n \in \mathbb{N}$ gilt $\|T^n\| \leq C$, z. B. sei $\|T\| \leq 1$.*
Dann ist die Folge $\{x_n\}_{n=1,2,\ldots}$ mit $x_n = \frac{1}{n}(Tx + T^2 x + \cdots + T^n x)$ konvergent bezüglich der Normtopologie.

Beweis: Nach Voraussetzung gilt $\|x_n\| \leq C \|x\|$ für alle n; also besitzt nach 14.9 die Folge $\{x_n\}$ eine schwach-konvergente Teilfolge $\{x_{n_\nu}\}_{\nu=1,2,\ldots}$. Es sei $\bar{x}$ der eindeutig bestimmte Limes dieser Teilfolge. Es gilt

$$\|T x_n - x_n\| = \left\|\frac{1}{n}(T^{n+1} x - T x)\right\| \leq \frac{1}{n} 2C \|x\|.$$

Also ist $\{T x_n - x_n\}$ eine Nullfolge bezüglich der Normtopologie. Erst recht ist die Teilfolge $\{T x_{n_\nu} - x_{n_\nu}\}_{\nu=1,2,\ldots}$ eine Nullfolge. Also ist $T \bar{x} = \bar{x}$.

Für x schreiben wir $x = \bar{x} + (x - \bar{x})$, also

$$x_n = \bar{x} + \frac{1}{n}(T + \cdots + T^n)(x - \bar{x}).$$

Um zu beweisen, daß $\{x_n\}$ gegen $\bar{x}$ bezüglich der Normtopologie konvergiert, genügt es nun zu zeigen:

$$\left\{\frac{1}{n}(T + \cdots + T^n)(x - \bar{x})\right\}_{n=1,2,\ldots}$$

ist Nullfolge in der Normtopologie. Wir betrachten den Unterraum

$$X_0 = \overline{(\mathrm{Id} - T)(X)}.$$

Für jedes Element der Form $y - Ty$ gilt

$$\left\|\frac{1}{n}(T + \cdots + T^n)(y - Ty)\right\| = \left\|\frac{1}{n}(Ty - T^{n+1} y)\right\| \leq \frac{1}{n} 2C \|y\|,$$

also ist
$$\left\{\frac{1}{n}(T+\cdots+T^n)(y-Ty)\right\}$$
Nullfolge. Nach Voraussetzung gilt ferner
$$\left\|\frac{1}{n}(T+\cdots+T^n)|_{X_0}\right\| \leq C,$$
also ist die Folge der Operatoren $\left\{\frac{1}{n}(T+\cdots+T^n)|_{X_0}\right\}$ gleichmäßig beschränkt. Nach dem folgenden Lemma gilt für alle $w \in X_0$
$$\lim_{n\to\infty}\frac{1}{n}(T+\cdots+T^n)w=0$$
(bezüglich der Normtopologie).

Zeigen wir nun noch $x - \bar{x} \in X_0$, so ist der Beweis vollständig. Angenommen $x - \bar{x} \notin X_0$. Dann gibt es ein $F \in X'$ mit $F|_{X_0} = 0$ und $F(x - \bar{x}) \neq 0$.
Es gilt
$$T^{n+1}x - T^n x \in X_0, \quad n = 0, 1, 2, \ldots$$
also
$$F T^{n+1}x = F T^n x = \cdots = F(x).$$
Also gilt $F(x_n) = F(x)$. Andererseits konvergiert aber $\{x_{n_\nu}\}_{\nu=1,2,\ldots}$ schwach gegen $\bar{x}$. Also ist $F(\bar{x}) = F(x)$. Widerspruch!

Lemma 15.2. *Es seien X, Y Banach-Räume und $\{T_n\}_{n=1,2,\ldots}$ eine Folge gleichmäßig beschränkter stetiger linearer Abbildungen: $\|T_n\| \leq C$. Es gebe eine dichte Teilmenge A von X mit $\{T_n(x)\}_{n=1,2,\ldots}$ konvergiert für alle $x \in A$. Dann ist $\{T_n x\}$ konvergent für alle $x \in X$.*

Beweis: Es gilt
$$\|T_n x - T_m x\| \leq \|T_n x - T_n y\| + \|T_n y - T_m y\| + \|T_m y - T_m x\|.$$
Wähle $y \in A$, so daß $\|x - y\| \leq \frac{\varepsilon}{4C}$. Dann ist für genügend großes n, m:
$$\|T_n x - T_m x\| \leq 2C\|x - y\| + \|T_n y - T_m y\| \leq \frac{\varepsilon}{2} + \frac{\varepsilon}{2}.$$

Wir notieren noch einige interessante Eigenschaften des linearen Operators
$$T_1 = \lim_{n\to\infty}\frac{T+\cdots+T^n}{n}.$$
Offensichtlich ist er beschränkt, also stetig, denn
$$\|T_1 x\| = \|\bar{x}\| \leq C\|x\|.$$

Der Ergodensatz 71

Ferner gilt
$$T^n \circ T_1 = T_1, \quad T_1 \circ T^n = T_1, \quad T_1 \circ T_1 = T_1.$$

Sei E der Eigenraum des Operators T zum Eigenwert 1, d. h.
$$E = \{y \in X \mid Ty = y\}.$$

$E = \overset{-1}{\overbrace{(T-\mathrm{Id})}}(0)$ ist als Urbild einer abgeschlossenen Menge unter einer stetigen Abbildung abgeschlossen. Wir haben schon festgestellt $T_1(X) \subset E$. Gilt umgekehrt für $x \in X : x = Tx$, so folgt $T_1 x = x$, d. h. $T_1(X) = E$. Wegen $T_1|_E = \mathrm{Id}_E$ ist T_1 also eine Projektion auf den Eigenraum E.

Kapitel V

Gleichmäßig konvexe Räume

In diesem Kapitel untersuchen wir eine spezielle Klasse normierter Räume, nämlich die gleichmäßig konvexen. Diese sind in der Approximations-Theorie von Bedeutung, denn in einem gleichmäßig konvexen reellen Banach-Raum X wird ein $x \in X$ durch genau ein w aus einer abgeschlossenen konvexen Menge $W \subset X$ optimal approximiert, d.h., das Infimum $\inf_{w \in W} \|x - w\|$ wird genau für ein $w \in W$ angenommen.
Unter Anwendung der Ergebnisse des letzten Kapitels beweisen wir den Satz von MILMAN: Jeder gleichmäßig konvexe Banach-Raum ist reflexiv. Wichtige Beispiele für gleichmäßig konvexe Räume sind die L^p-Räume, $1 < p < \infty$ (Satz von CLARKSON). Mittels des Satzes von RIESZ-FISCHER aus Kapitel III wissen wir also, daß diese L^p-Räume reflexiv sind. Die Kenntnis dieser Tatsache wird ausgenutzt, um den Dualraum von L^p mit L^q zu identifizieren. Zur Ergänzung zeigen wir schließlich $(L^1)' \cong L^\infty$ und bemerken, daß das Umgekehrte im allgemeinen nicht gilt: $(L^\infty)' \not\cong L^1$.

§ 16. Gleichmäßig konvexe Räume und ihre Geometrie

Definition 16.1. *Es sei X ein normierter Raum. Wir nennen X gleichmäßig konvex, wenn eine der folgenden gleichwertigen Bedingungen erfüllt ist:*

(i) Für alle $\varepsilon > 0$ gibt es ein $\delta > 0$, so daß für $x, y \in X$ mit $\|x\|, \|y\| \leq 1$ gilt
$$\|x - y\| \geq \varepsilon \Rightarrow \|\tfrac{1}{2}(x + y)\| \leq 1 - \delta.$$

(ii) Für alle $\varepsilon > 0$ gibt es ein $\delta > 0$, so daß für $x, y \in X$ mit $\|x\| = \|y\| = 1$ gilt
$$\|x - y\| \geq \varepsilon \Rightarrow \|\tfrac{1}{2}(x + y)\| \leq 1 - \delta.$$

(iii) Für alle $\varepsilon > 0$ gibt es ein $\delta > 0$, so daß für $x, y \in X$ mit $\|x\| = \|y\| = 1$ gilt
$$\|\tfrac{1}{2}(x + y)\| > 1 - \delta \Rightarrow \|x - y\| < \varepsilon.$$

(iv) Für je zwei Folgen $\{x_n\}_{n=1,2,\ldots}$, $\{y_n\}_{n=1,2,\ldots}$ in X mit $\|x_n\| = \|y_n\| = 1$ für alle n gilt
$$\lim \|\tfrac{1}{2}(x_n + y_n)\| = 1 \Rightarrow \lim (x_n - y_n) = 0.$$

Gleichmäßig konvexe Räume und ihre Geometrie

(v) Für je zwei Folgen $\{x_n\}_{n=1,2,\ldots}$; $\{y_n\}_{n=1,2,\ldots}$ in X mit
gilt
$$\limsup\{\|x_n\|\} \leq 1, \quad \limsup\{\|y_n\|\} \leq 1$$
$$\lim(\tfrac{1}{2}\|x_n + y_n\|) = 1 \Rightarrow \lim(x_n - y_n) = 0.$$

Die Implikationen „(i) $\Rightarrow$ (ii) $\Rightarrow$ (iii) $\Rightarrow$ (iv)" sind klar. Um „(iv) $\Rightarrow$ (v)" zu beweisen, zeigen wir zunächst $\lim\|x_n\|=1$. Angenommen, es gibt eine Teilfolge $\{x_{n_k}\}_{k=1,2,\ldots}$ von $\{x_n\}$ mit $\lim\|x_{n_k}\|<1$. Dann folgt:
$$\limsup\|x_{n_k} + y_{n_k}\| \leq \limsup\|x_{n_k}\| + \limsup\|y_{n_k}\| < 2.$$

Widerspruch! Aus Symmetriegründen gilt dann auch $\lim\|y_n\|=1$. Also gibt es ein m, so daß $x_n \neq 0$; $y_n \neq 0$ für $n \geq m$. Wir betrachten nun die Folgen
$$\{x_n\|x_n\|^{-1}\}_{n=m,m+1,\ldots} \quad \{y_n\|y_n\|^{-1}\}_{n=m,m+1,\ldots}.$$
Es gilt
$$\big|\|x_n\|x_n\|^{-1} + y_n\|y_n\|^{-1}\| - \|x_n + y_n\|\big| \leq \|x_n\|x_n\|^{-1} - x_n\| + \|y_n\|y_n\|^{-1} - y_n\|.$$
Die rechte Seite konvergiert gegen 0. Also gilt
$$\lim\|x_n\|x_n\|^{-1} + y_n\|y_n\|^{-1}\| = 2.$$
Nach (iv) folgt
$$\lim\|x_n\|x_n\|^{-1} - y_n\|y_n\|^{-1}\| = 0.$$
Wegen
$$\lim\|x_n\|x_n\|^{-1} - x_n\| = \lim\|y_n\|y_n\|^{-1} - y_n\| = 0$$
folgt die Behauptung.

„(v) $\Rightarrow$ (i)" Angenommen, es gibt ein $\varepsilon > 0$, so daß es zu jedem $\delta_n = 1/n$, $n=1,2,\ldots$ Elemente $x_n, y_n \in X$ gibt mit $\|x_n\|, \|y_n\| \leq 1$, $\|x_n - y_n\| > \varepsilon$ aber $\|\tfrac{1}{2}(x_n + y_n)\| > 1 - \delta$. Die Existenz solcher Folgen $\{x_n\}, \{y_n\}$ steht dann im Widerspruch zu (v).

Definition 16.2. *Sei X reeller normierter Raum. Wir nennen X strikt normiert, wenn für alle $x, y \in X$; $x, y \neq 0$ gilt: Aus $\|x+y\| = \|x\| + \|y\|$ folgt, es gibt ein $\lambda > 0$ mit $x = \lambda y$.*

Satz 16.3. *Jeder gleichmäßig konvexe reelle normierte Raum X ist strikt normiert.*

Beweis: Seien $x, y \neq 0$ gewählt mit $\|x+y\| = \|x\| + \|y\|$. Wir müssen ein $\lambda > 0$ finden mit $x = \lambda y$. O.B.d.A. sei $\|x\|=1$. Definiere
$$x' = \frac{x+y}{\|x+y\|}, \quad z = \frac{x+x'}{2}, \quad a = \|z\|,$$
$$b = \|x+y-z\|.$$
(vgl. Abbildung).

Gleichmäßig konvexe Räume

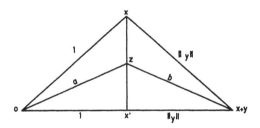

Es gilt $\|x+y-x'\|=\|y\|$, also $b \leq \|y\|$. Ferner ist $a \leq 1$, $a+b \geq 1+\|y\|$, also $a=\|\frac{1}{2}(x+x')\|=1$. Aus der gleichmäßigen Konvexität folgt $x=x'$, also $x\|y\|=y$, q.e.d.

Satz 16.4 (Approximationssatz). *Sei X ein reeller normierter Raum $a \in X$ und W eine konvexe abgeschlossene Teilmenge von X. Dann gilt:*

(i) *Ist X strikt normiert, so gibt es höchstens ein $x \in W$ mit*

$$\|a-x\| = \inf_{y \in W} \|a-y\|.$$

(ii) *Ist X gleichmäßig konvexer Banach-Raum, so existiert ein (nach 16.3 und (i) eindeutig bestimmtes) $x \in W$ mit $\|a-x\| = \inf_{y \in W} \|a-y\|$.*

Beweis: O.B.d.A. sei $a=0$ und $d = \inf_{y \in W} \|a-y\|=1$, denn für $a \in W$ ist nichts zu beweisen, und andernfalls ist wegen der Abgeschlossenheit von W $\inf_{y \in W} \|a-y\| > 0$.

(i) Haben x, x' beide die genannte Eigenschaft, so folgt

$$1 \leq \|\tfrac{1}{2}(x+x')\| \leq \tfrac{1}{2}\|x\| + \tfrac{1}{2}\|x'\| \leq 1,$$

also

$$\tfrac{1}{2}x = \tfrac{1}{2}x'.$$

(ii) Es gibt eine Folge $\{x_n\}_{n=1,2,\ldots}$, $x_n \in W$ mit $\lim \|x_n\|=1$. Da W konvex ist, gilt

$$\tfrac{1}{2}(x_n+x_m) \in W \quad \text{und} \quad 1 \leq \|\tfrac{1}{2}(x_n+x_m)\| \leq \tfrac{1}{2}(\|x_n\|+\|x_m\|).$$

Dann ist $\{x_n\}$ Cauchy-Folge, denn angenommen, es gibt ein $\varepsilon > 0$, so daß für alle N Zahlen $n, m > N$ existieren mit $\|x_n-x_m\| > \varepsilon$, so wählt man Teilfolgen $\{x_{n_k}\}$, $\{x_{m_k}\}$ mit

$$\limsup\{\|x_{n_k}\|\} = \limsup\{\|x_{m_k}\|\} = 1$$

und

$$\lim \|x_{n_k}+x_{m_k}\| = 1,$$

aber
$$\liminf \|x_{n_k} - x_{m_k}\| \geqq \varepsilon.$$

Das steht im Widerspruch zu 16.1.(v). Dann ist $\lim x_n$ das gesuchte x, denn $\|x\| = 1$ und $x \in W$.

Man wendet diesen Satz in der Approximationstheorie insbesondere auf abgeschlossene Unterräume W von X an.

§ 17. Die gleichmäßige Konvexität der Räume L^p

Wir wollen folgenden Satz von CLARKSON beweisen:

Satz 17.1. *Für $1 < p < \infty$ ist $L^p(\mathbb{R}^n, \varphi)$ gleichmäßig konvex und damit auch strikt normiert (16.3).*

Beim Beweis folgen wir der Originalarbeit von CLARKSON. Man muß die beiden Fälle $p \geqq 2$ und $p < 2$ unterscheiden. Man benutzt die beiden folgenden *Parallelogramm-Ungleichungen*:

Lemma 17.2. *Sei $\infty > p \geqq 2$. Für alle $f, g \in L^p(\mathbb{R}^n, \varphi)$ gilt folgende Ungleichung:*
$$\|f + g\|_p^p + \|f - g\|_p^p \leqq 2^{p-1}(\|f\|_p^p + \|g\|_p^p).$$

Lemma 17.3. *Sei $1 < p < 2$ und $\dfrac{1}{p} + \dfrac{1}{q} = 1$. Für alle $f, g \in L^p(\mathbb{R}^n, \varphi)$ gilt folgende Ungleichung:*
$$\|f + g\|_p^q + \|f - g\|_p^q \leqq 2(\|f\|_p^p + \|g\|_p^p)^{q-1}.$$

Beweis von 17.1. Wir verwenden Definition 16.1.(iv). Gilt für die Folgen $\{f_n\}, \{g_n\}$
$$\|f_n\|_p = \|g_n\|_p = 1,$$
so folgt im Fall $p \geqq 2$
$$\|f_n + g_n\|_p^p + \|f_n - g_n\|_p^p \leqq 2^p$$
und im Fall $p < 2$
$$\|f_n + g_n\|_p^q + \|f_n - g_n\|_p^q \leqq 2^q.$$

Gilt nun $\{\|\tfrac{1}{2}(f_n + g_n)\|_p\} \to 1$, so folgt aus diesen Ungleichungen
$$\{\|f_n - g_n\|_p\} \to 0, \quad \text{q.e.d.}$$

Der Beweis der beiden Lemmata, insbesondere des zweiten Lemmas, ist schwieriger.

Beweis von 17.2. Wir beweisen die Ungleichung zunächst für reelle Zahlen a, b. Nach der Jensenschen Ungleichung (11.7) gilt wegen $p \geq 2$:

$$(|a+b|^p + |a-b|^p)^{1/p} \leq (|a+b|^2 + |a-b|^2)^{\frac{1}{2}}$$
$$\leq \sqrt{2}(a^2+b^2)^{\frac{1}{2}}.$$

Sei r definiert durch $\dfrac{2}{p} + \dfrac{1}{r} = 1$, d.h., $r = \dfrac{p}{p-2}$. Nun wenden wir die Höldersche Ungleichung von Fall b) auf Seite 56 auf die Paare (a^2, b^2), $(1, 1)$ an und erhalten

$$(a^2+b^2) \leq (|a|^p+|b|^p)^{\frac{2}{p}} \cdot 2^{\frac{p-2}{p}},$$

also

$$\sqrt{2}(a^2+b^2)^{\frac{1}{2}} \leq \sqrt{2}(|a|^p+|b|^p)^{\frac{1}{p}} \cdot 2^{\frac{p-2}{2p}}$$
$$\leq 2^{\frac{p-1}{p}}(|a|^p+|b|^p)^{\frac{1}{p}}.$$

Mit der obigen Ungleichung folgt die Behauptung in dem betrachteten Spezialfall.

Der allgemeine Fall ergibt sich, indem man für f, g Repräsentanten wählt, überall, wo diese definiert sind, das schon bewiesene anwendet und integriert.

Für den Beweis von 17.3 brauchen wir weitere Vorbereitungen:

Lemma 17.4. *Für* $1 < p < 2$, $\dfrac{1}{p} + \dfrac{1}{q} = 1$ *und* $0 \leq z \leq 1$ *gilt*

$$(1+z^q)^{p-1} \leq \tfrac{1}{2}((1-z)^p + (1+z)^p).$$

Beweis: Für $z = 1$ ist das Lemma richtig. Sei $z < 1$. Wir haben zu zeigen

$$f(z) = \tfrac{1}{2}(1+z)^p + \tfrac{1}{2}(1-z)^p - (1+z^q)^{p-1} \geq 0.$$

Binomial-Entwicklung ergibt:

$$\frac{1}{2}(1+z)^p + \frac{1}{2}(1-z)^p = \sum_{n=0}^{\infty} \binom{p}{2n} z^{2n}$$

$$(1+z^q)^{p-1} = \sum_{n=0}^{\infty} \binom{p-1}{n} z^{nq}$$

$$= \sum_{n=0}^{\infty} \left(\frac{(p-1)(2-p)\ldots(2n-1-p)}{(2n-1)!} z^{(2n-1)q} \right.$$

$$\left. - \frac{(p-1)(2-p)\ldots(2n-p)}{(2n)!} z^{2nq} \right)$$

Also ist

$$f(z) = \sum_{n=1}^{\infty} \frac{(2-p)\dots(2n-p)}{(2n-1)!} z^{2n} \left[\frac{p(p-1)}{(2n-p)2n} + \frac{p-1}{2n} z^{2nq-2n} - \frac{p-1}{2n-p} z^{2nq-q-2n} \right]$$

$$= \sum_{n=1}^{\infty} \frac{(2-p)\dots(2n-p)}{(2n-1)!} z^{2n} \left[\frac{1 - z^{\frac{2n-p}{p-1}}}{\frac{2n-p}{p-1}} - \frac{1 - z^{\frac{2n}{p-1}}}{\frac{2n}{p-1}} \right].$$

Wegen $p<2$ genügt es zu zeigen, daß die eckige Klammer immer ≥ 0 ist. Und dies folgt aus der leicht einzusehenden Tatsache, daß für $0 \leq z < 1$ die Funktion

$$t \mapsto \frac{1}{t}(1-z^t)$$

monoton fällt.

Lemma 17.5. *Für $k > 1$ und $f, g \in L^1(\mathbb{R}^n, \varphi)$ gilt*

$$[(\int |f| \, d\varphi)^k + (\int |g| \, d\varphi)^k]^{1/k} \leq \int (|f|^k + |g|^k)^{1/k} \, d\varphi.$$

Insbesondere existiert das Integral auf der rechten Seite.

Beweis: Wir zeigen zunächst die Existenz des Integrals auf der rechten Seite: Wir wählen Repräsentanten $\bar{f}, \bar{g}$. Nach der Jensenschen Ungleichung gilt fast überall

$$(|\bar{f}|^k + |\bar{g}|^k)^{1/k} \leq (|f| + |g|).$$

Da rechts eine summierbare und links eine meßbare Funktion steht, ist die linke Seite auch summierbar.

Für einen beliebigen normierten Raum X gilt $\|x\| = \sup |f(x)|$, wobei das Supremum über alle $f \in X'$ mit $\|f\| = 1$ zu nehmen ist. Wenden wir dies auf den in Beispiel b), Seite 56 betrachteten $L^k \cong \mathbb{R}^2$ an und nutzen wir aus, daß wegen der endlichen Dimension von L^k gilt $(L^k)' = L^l$ mit $\frac{1}{k} + \frac{1}{l} = 1$, so erhalten wir

$$\sup(|a_1 b_1| + |a_2 b_2|) = (|a_1|^k + |a_2|^k)^{1/k}.$$

Dabei ist das Supremum über alle (b_1, b_2) mit $(|b_1|^l + |b_2|^l)^{1/l} = 1$ zu nehmen. Also gilt

$$[(\int |f| \, d\varphi)^k + (\int |g| \, d\varphi)^k]^{1/k} = \sup(|b_1| \int |f| \, d\varphi + |b_2| \int |g| \, d\varphi).$$

Ferner ist nach der Hölderschen Ungleichung

$$\sup \int (|f||b_1| + |g||b_2|)\,d\varphi \leq \sup \int (|f|^k + |g|^k)^{1/k}(|b_1|^l + |b_2|^l)^{1/l}\,d\varphi$$
$$= \int (|f|^k + |g^k|)^{1/k}\,d\varphi.$$

Damit ist die behauptete Ungleichung bewiesen.

Beweis von 17.3:

(i) Wir führen den Beweis zunächst wieder nur für reelle Zahlen. Zu zeigen ist:
$$|x+y|^q + |x-y|^q \leq 2(|x|^p + |y|^p)^{q-1}.$$

Sei $x+y = 2\alpha$, $x-y = 2\beta$, also $x = \alpha+\beta$, $y = \alpha-\beta$.
Die Behauptung ist gleichwertig mit
$$2^q(|\alpha|^q + |\beta|^q) \leq 2(|\alpha+\beta|^p + |\alpha-\beta|^p)^{q-1}.$$

O.B.d.A. seien $\alpha, \beta \geq 0$ und $\alpha > \beta$. Sei $z := \beta/\alpha$, also $0 \leq z \leq 1$. Die Behauptung lautet dann:
$$2^q(1+|z|^q) \leq 2(|1+z|^p + |1-z|^p)^{q-1}$$

Das ist gleichwertig mit
$$(1+z^q)^{1/q-1} \leq \tfrac{1}{2}((1+z)^p + (1-z)^p),$$

und das war schon gezeigt worden.

(ii) Mit $k = q/p$ gilt nach dem letzten Lemma
$$\left(\int |f+g|^p\,d\varphi\right)^{q/p} + \left(\int |f-g|^p\,d\varphi\right)^{q/p} \leq \left[\int (|f+g|^q + |f-g|^q)^{p/q}\,d\varphi\right]^{q/p}.$$

Wenden wir unter dem Integral den schon bewiesenen Teil an, so ergibt sich
$$\left(\int |f+g|^p\,d\varphi\right)^{\tfrac{q}{p}} + \left(\int |f-g|^p\,d\varphi\right)^{\tfrac{q}{p}} \leq 2\left[\int (|f|^p + |g|^p)^{\tfrac{p}{q}(q-1)}\,d\varphi\right]^{\tfrac{q}{p}},$$

q.e.d.

§ 18. Der Satz von Milman

Dabei handelt es sich um den folgenden Satz:

Satz 18.1. *Jeder gleichmäßig konvexe Banach-Raum ist reflexiv.*

Beim Beweis benötigen wir eine Eigenschaft gleichmäßig konvexer Räume, die wir beim Beweis des Approximationssatzes 16.4 mit bewiesen haben:

Der Satz von Milman 79

Lemma 18.2. *Sei X gleichmäßig konvexer reeller Raum. Es sei $\{x_n\}_{n=1,2,...}$ eine Folge in X mit*

$$\limsup\{\|x_n\|\} \leq 1 \quad \text{und} \quad \lim_{n,m \to \infty} \|\tfrac{1}{2}(x_n + x_m)\| = 1.$$

Dann ist $\{x_n\}$ Cauchy-Folge und $\lim \|x_n\| = 1$.

Beweis von 18.1: Sei X zunächst ein reeller Banach-Raum. Offenbar genügt es zu zeigen: Für $G \in X''$ mit $\|G\| = 1$ gilt $G \in i(X)$ ($i: X \to X''$ ist die kanonische Isometrie).

Wegen $\|G\| = 1$ gibt es für $n = 1, 2, \ldots$ Elemente $f_n \in X'$ mit $\|f_n\| = 1$ und $G(f_n) > 1 - \dfrac{1}{n}$. Nach Lemma 14.5 gibt es für jedes $n = 1, 2, \ldots$ ein Element $x_n \in X$ mit $\|x_n\| \leq 1$ und

$$|f_i(x_n) - G(f_i)| < \frac{1}{2n} \quad \text{für} \quad i = 1, \ldots, n,$$

also gilt

$$1 - \frac{3}{2n} < f_n(x_n) \leq 1 \quad \text{für} \quad i = 1, \ldots, n.$$

Mittels des letzten Lemmas können wir nun zeigen, daß $\{x_n\}_{n=1,2,\ldots}$ eine Cauchy-Folge ist: Sei $m \geq n$. Dann schätzen wir folgendermaßen ab:

$$1 - \frac{3}{2n} + 1 - \frac{3}{2n} \leq f_n(x_n) + f_n(x_m) \leq \|x_n + x_m\| \leq 2.$$

Damit sind die Voraussetzungen von 18.2 erfüllt, und da X ein Banach-Raum ist, existiert $x_0 = \lim x_n$, und es gilt $\|x_0\| = 1$.

Für alle $n \geq i$ gilt $|f_i(x_n) - G(f_i)| < \dfrac{1}{2n}$, und aus der Stetigkeit von f_i folgt

$$f_i(x_0) = \lim_{n \to \infty} f_i(x_n) = G(f_i). \qquad (*)$$

Wir zeigen nun: Nach Wahl der $f_1, f_2, \ldots$ ist x_0 eindeutig durch die Bedingungen $(*)$ und $\|x_0\| = 1$ bestimmt. Es mögen x_0, x_0' beide $(*)$ erfüllen, und es gelte $\|x_0\| = \|x_0'\| = 1$. Die Folge $x_0, x_0', x_0, x_0', \ldots$ erfüllt alle Eigenschaften, die wir von der Folge $\{x_n\}$ verlangt haben. Aus diesen Eigenschaften folgte schon, daß wir eine Cauchy-Folge haben. Also ist $x_0 = x_0'$.

Es bleibt zu zeigen: Für alle $f \in X'$ gilt $G(f) = f(x_0)$. Sei also $f \in X'$ gegeben. Dann geht man statt von der Folge $f_1, f_2, \ldots$ von der Folge

$f, f_1, f_2, \ldots$ aus und bestimmt die Folge $\{x_n\}$ so, daß erstens alle früheren Bedingungen erfüllt sind und daß außerdem

$$|G(f) - f(x_n)| < \frac{1}{2n}.$$

Da (∗) nach wie vor erfüllt ist, erhalten wir als Grenzwert von $\{x_n\}$ unser altes x_0, und da f mit in die Konstruktion eingegangen ist, gilt $f(x_0) = G(f)$.

Ist X komplexer Banach-Raum, so ist nach dem schon bewiesenen $X_{\mathbb{R}}$ reflexiv. Wie wir früher schon bemerkt haben, gilt $(X_{\mathbb{R}})' \cong (X_{\mathbb{C}})'$, also ist auch X reflexiv.

Korollar 18.3. *Für* $1 < p < \infty$ *ist* $L^p(\mathbb{R}^n, \varphi)$ *reflexiv.*

§ 19. Der Dualraum von L^p

Wir kommen nun zu dem schon angekündigten Beweis, daß für $1 < p < \infty$ und $\dfrac{1}{p} + \dfrac{1}{q} = 1$ die kanonische Abbildung

$$j: L^p(\mathbb{R}^n, \varphi) \to L^q(\mathbb{R}^n, \varphi)'; \quad j(f)(g) = \int f g \, d\varphi$$

ein Isomorphismus ist. (Jede Linearform auf $L^q(\mathbb{R}^n, \varphi)$ hat also eine „Integral-Darstellung".)

Satz 19.1. *Sei* $1 < p < \infty$ *und* $\dfrac{1}{p} + \dfrac{1}{q} = 1$. *Die kanonische Abbildung* $j: L^p(\mathbb{R}^n, \varphi) \to L^q(\mathbb{R}^n, \varphi)'$ *ist ein isometrischer Isomorphismus.*

Beweis: Nach 11.8 ist nur noch die Surjektivität zu zeigen. Es ist $j(L^p)$ vollständig, also abgeschlossen. Angenommen, es gibt ein Element von $(L^q)'$, das nicht in $j(L^p)$ liegt. Aus dem Satz von HAHN-BANACH folgt dann, daß es ein $G \in (L^q)''$ gibt mit $G|_{j(L^p)} = 0$, aber $G \neq 0$. Wegen der Reflexivität von L^q gibt es also ein $y_0 \in L^q$ mit

$$g(y_0) = G(g) \quad \text{für alle} \quad g \in (L^q)'.$$

Nun gilt $G(j(x)) = 0$ für alle $x \in L^p$. Wegen

$$G(j(x)) = j(x)(y_0) = \int x\, y_0 \, d\varphi$$

für alle x folgt $y_0 = 0$, d.h. $G = 0$. Widerspruch!

Um Vollständigkeit zu erreichen, beweisen wir noch, daß $L^\infty(\mathbb{R}^n, \varphi)$ kanonisch isomorph zu $(L^1(\mathbb{R}^n, \varphi))'$ ist und daß das Umgekehrte im allgemeinen nicht gilt.

Der Dualraum von L^p 81

Satz 19.2. *Die kanonische Abbildung*

$$j: L^\infty(\mathbb{R}^n, \varphi) \to (L^1(\mathbb{R}^n, \varphi))'$$

ist ein isometrischer Isomorphismus.

Beweis: Zunächst bemerken wir, daß

$$j(f)(g) = \int f g \, d\varphi$$

nach Korollar 10.6.4. existiert. Offenbar ist j linear. Es gilt folgende Abschätzung:

$$|j(f)(g)| = |\int f g \, d\varphi| \leq \int |f| \, |g| \, d\varphi \leq \|f\|_\infty \|g\|_1,$$

also

$$\|j(f)\| \leq \|f\|_\infty.$$

Um die umgekehrte Ungleichung zu zeigen, wählen wir für $f \in L^\infty(\mathbb{R}^n, \varphi)$ einen Repräsentanten, den wir ebenfalls mit f bezeichnen. Nach Definition von $\|f\|_\infty$ und 10.8.1 ist

$$M' = \{x \mid |f(x)| \geq \|f\|_\infty - \varepsilon\}$$

meßbar und keine Nullmenge. Dann ist für genügend großes m

$$M = M' \cap \langle -m, m \rangle^n$$

meßbar und keine Nullmenge, d.h., nach 10.8 ist die charakteristische Funktion χ_M summierbar und $\chi_M \neq_\varphi 0$. Die Vorzeichenfunktion $\mathrm{sgn}(f)$ ($\mathrm{sgn}(f)(x) = f(x)/|f(x)|$ falls $f(x) \neq 0$, $\mathrm{sgn}(f)(x) = 0$ sonst) ist ebenfalls meßbar. Für $g = \chi_M \mathrm{sgn}(f)$ gilt also $g \in L^1(\mathbb{R}^n, \varphi)$. Wir erhalten folgende Abschätzung:

$$j(f)(g) = \int f g \, d\varphi = \int |f| \, |g| \, d\varphi \geq (\|f\|_\infty - \varepsilon) \int |g| \, d\varphi$$

$$j(f)(g) \geq (\|f\|_\infty - \varepsilon) \|g\|_1,$$

also

$$\|j(f)\| \geq (\|f\|_\infty - \varepsilon).$$

Es bleibt die Surjektivität von j zu zeigen. Der Beweis wird auf 19.1 zurückgeführt. Sei E_k die abgeschlossene Vollkugel vom Radius k in $\mathbb{R}^n$. Eine stetige lineare Abbildung $F: L^1(\mathbb{R}^n, \varphi) \to \mathbb{R}$ sei gegeben. Man hat in kanonischer Weise

$$L^1(E_k, \varphi) \subset L^1(\mathbb{R}^n, \varphi).$$

Sei $F_k = F|_{L^1(E_k, \varphi)}$. Aus der Hölderschen Ungleichung folgt (wie?)

$$L^2(E_k, \varphi) \subset L^1(E_k, \varphi).$$

Ferner gilt natürlich
$$L^2(E_k, \varphi) \subset L^2(\mathbb{R}^n, \varphi).$$

Es sei nun $\widetilde{F}_k \colon L^2(\mathbb{R}^n, \varphi) \to \mathbb{R}$ eine beliebige Ausdehnung von $F_k|_{L^2(E_k, \varphi)}$. Nach 19.1 gibt es ein $\widetilde{f}_k \in L^2(\mathbb{R}^n, \varphi)$ mit

$$\widetilde{F}_k(g) = \int \widetilde{f}_k g \, d\varphi$$

für alle $g \in L^2(\mathbb{R}^n, \varphi)$. Sei $f_k = \widetilde{f}_k|_{E_k}$. Dann gilt für alle $g \in L^2(E_k, \varphi)$:

$$F_k(g) = \int_{E_k} f_k g \, d\varphi.$$

Es gilt $\|f_k\|_\infty \leq \|F\|$, denn bezeichnet $\operatorname{sgn}(f_k)$ die Vorzeichenfunktion von f_k und $M \subset E_k$ eine meßbare Menge, in der $|f_k(x)| \geq \|f_k\|_\infty - \varepsilon$ gilt, so erhält man

$$F_k\bigl(\operatorname{sgn}(f_k)\chi_M\bigr) = \int \operatorname{sgn}(f_k)\chi_M f_k \, d\varphi = \int_M |f_k| \, d\varphi,$$

also

$$\left(\int_M \chi_M \, d\varphi\right)(\|f_k\|_\infty - \varepsilon) \leq \int_M |f_k| \, d\varphi \leq \|F_k\| \int_M \chi_M \, d\varphi.$$

Also

$$\|f_k\|_\infty \leq \|F_k\| \leq \|F\|.$$

Klarerweise gilt $f_{k+1}|_{E_k} = f_k$. Also ist eine Funktion $f \colon \mathbb{R}^n \to \mathbb{R}$ definiert durch $f|_{E_k} = f$, und es gilt $f \in L^\infty(\mathbb{R}^n, \varphi)$. Sei $g \in L^1(\mathbb{R}^n, \varphi)$ und $g_n = g \cdot \chi_{E_n}$. In $L^1(\mathbb{R}^n, \varphi)$ konvergiert $\{g_n\}$ gegen g. Also

$$F(g) = \lim F(g_n) = \lim \int f_n g_n \, d\varphi = \int f g \, d\varphi$$

nach dem Satz von LEBESGUE. Damit ist der Beweis vollständig.

Durch ein Gegenbeispiel zeigt man, daß die Umkehrung dieses Satzes nicht gilt:

Übungsaufgabe:

Für φ wählen wir die Volumenfunktion v. Für stetige beschränkte Funktionen $f \colon \mathbb{R}^n \to \mathbb{R}$ definieren wir $F(f) := f(0)$. Dadurch ist F auf einem Teilraum von $L^\infty(\mathbb{R}^n, v)$ definiert und dort beschränkt. Wir können F also auf ganz $L^\infty(\mathbb{R}^n, v)$ ausdehnen, so daß F stetig bleibt. Man überlege sich, daß kein $g \in L^1(\mathbb{R}^n, v)$ existiert, so daß $f(0) = \int f g \, dv$ für alle stetigen beschränkten Funktionen f.

KAPITEL VI

Hilbert-Räume

Die Verallgemeinerung des Begriffes des euklidischen Raumes, also eines endlich-dimensionalen Vektorraumes mit Skalarprodukt, auf beliebige $\mathbb{K}$-Vektorräume liefert den Begriff des Hilbert-Raumes. In diesem Kapitel übertragen wir die aus der Theorie der euklidischen Räume geläufigen Begriffe wie Orthogonalität, orthogonale Basis auf Hilbert-Räume. Insbesondere identifizieren wir mittels des Skalarproduktes einen Hilbert-Raum mit seinem Dualraum. Tieferliegende Ergebnisse enthält dieses Kapitel nicht.

§ 20. Hilbert-Räume und ihre Geometrie

Definition 20.1. *Sei X ein $\mathbb{K}$-Vektorraum. Eine hermitesche Form auf X ist eine Abbildung*

$$\langle\,,\,\rangle\colon X\times X \to \mathbb{K},$$

so daß für alle $x, x', y \in X$; $\alpha \in \mathbb{K}$ gilt

(i) $\langle x+x', y\rangle = \langle x, y\rangle + \langle x', y\rangle.$

(ii) $\langle \alpha x, y\rangle = \alpha \langle x, y\rangle.$

(iii) $\langle x, y\rangle = \overline{\langle y, x\rangle}.$

Aus diesen Eigenschaften folgt sofort

$$\langle x, y+y'\rangle = \langle x, y\rangle + \langle x, y'\rangle,$$
$$\langle x, \alpha y\rangle = \bar{\alpha}\langle x, y\rangle,$$
$$\langle x, x\rangle \text{ ist reell.}$$

Für $\mathbb{K} = \mathbb{R}$ ist also eine hermitesche Form eine symmetrische Bilinearform.

$\langle\,,\,\rangle$ heißt *positiv semi-definit* bzw. *positiv definit*, wenn $\langle x, x\rangle \geq 0$ bzw. $\langle x, x\rangle > 0$ für alle $x \in X$, $x \neq 0$.

Eine positiv definite hermitesche Form heißt auch *inneres Produkt* oder *Skalarprodukt*.

Beispiel 20.2. Auf dem $\mathbb{R}$-Vektorraum $L^2(\mathbb{R}^n, \varphi)$ ist $\langle f, g\rangle = \int fg\,d\varphi$ eine positiv-definite hermitesche Form. Auf dem $\mathbb{C}$-Vektorraum $L^2_{\mathbb{C}}(\mathbb{R}^n, \varphi)$ (komplexwertige Funktionen) ist $\langle f, g\rangle = \int f\bar{g}\,d\varphi$ eine positiv-definite hermitesche Form.

Satz 20.3 (Cauchy-Schwarzsche Ungleichung). *Sei X ein $\mathbb{K}$-Vektorraum, $\langle\,,\,\rangle$ positiv semi-definite hermitesche Form auf X. Dann gilt für alle $x, y \in X$*
$$|\langle x, y\rangle|^2 \leq \langle x, x\rangle \langle y, y\rangle.$$

Beweis: Für $\lambda \in \mathbb{K}$ gilt:

(∗) $\quad \langle x+\lambda y, x+\lambda y\rangle = \langle x, x\rangle + \bar{\lambda}\langle x, y\rangle + \lambda\langle y, x\rangle + \lambda\bar{\lambda}\langle y, y\rangle \geq 0$

Ist $\langle y, y\rangle \neq 0$, so setzt man $\lambda = -\dfrac{\langle x, y\rangle}{\langle y, y\rangle}$ und erhält

$$\langle x, x\rangle - \frac{|\langle x, y\rangle|^2}{\langle y, y\rangle} - \frac{|\langle x, y\rangle|^2}{\langle y, y\rangle} + \frac{|\langle x, y\rangle|^2}{\langle y, y\rangle} \geq 0,$$

d. h.
$$\langle x, x\rangle \langle y, y\rangle - |\langle x, y\rangle|^2 \geq 0.$$

Ist $\langle x, x\rangle \neq 0$, so vertauscht man in (∗) x und y und erhält das Ergebnis wegen $|\langle x, y\rangle| = |\langle y, x\rangle|$.

Ist $\langle x, x\rangle = \langle y, y\rangle = 0$, so setzt man $\lambda = -\langle x, y\rangle$ und erhält aus (∗) $\langle x, y\rangle = 0$.

Satz 20.4. *Sei X ein $\mathbb{K}$-Vektorraum und $\langle\,,\,\rangle$ ein inneres Produkt auf X. Dann wird durch*
$$\|x\| = \sqrt{\langle x, x\rangle}, \quad x \in X$$
eine Norm auf X definiert.

Beweis: Die Eigenschaften (i) und (ii) aus Definition 5.4 sind klar. Es ist also nur die Dreiecks-Ungleichung zu zeigen

$$\langle x+y, x+y\rangle = \langle x, x\rangle + \langle x, y\rangle + \langle y, x\rangle + \langle y, y\rangle$$
$$\leq \langle x, x\rangle + |\langle x, y\rangle| + |\langle y, x\rangle| + \langle y, y\rangle$$
$$\leq \langle x, x\rangle + 2\|x\|\|y\| + \langle y, y\rangle$$
$$= \|x\|^2 + 2\|x\|\|y\| + \|y\|^2 = (\|x\| + \|y\|)^2,$$

also
$$\|x+y\| \leq \|x\| + \|y\|, \quad \text{q. e. d.}$$

Mittels der Norm schreibt sich die Cauchy-Schwarzsche Ungleichung in der Form
$$|\langle x, y\rangle| \leq \|x\|\|y\|.$$

Lemma 20.5. *Die Abbildung*
$$\langle\,,\,\rangle: X \times X \to \mathbb{K}$$
ist stetig.

Hilbert-Räume und ihre Geometrie

Beweis: Die Behauptung ergibt sich aus folgender Abschätzung:
$$|\langle x, y\rangle - \langle x', y'\rangle| = |\langle x-x', y\rangle - \langle x', y'-y\rangle|$$
$$\leq |\langle x-x', y\rangle| + |\langle x', y'-y\rangle| \leq \|y\|\,\|x-x'\| + \|x'\|\,\|y'-y\|.$$

Lemma 20.6. *Sei X normierter Raum. Es gibt eine stetige positiv definite hermitesche Form $\langle\,,\,\rangle$ auf X mit $\|x\|^2 = \langle x, x\rangle$ genau dann, wenn das Parallelogramm-Gesetz gilt, d.h.*
$$\|x+y\|^2 + \|x-y\|^2 = 2\|x\|^2 + 2\|y\|^2.$$

Beweis: „$\Rightarrow$" ergibt sich durch eine triviale Rechnung.
„$\Leftarrow$" Sei $\mathbb{K} = \mathbb{C}$. Wir zeigen, daß $\langle\,,\,\rangle$ definiert durch
$$\langle x, y\rangle := \tfrac{1}{4}(\|x+y\|^2 - \|x-y\|^2 + i\|x+iy\|^2 - i\|x-iy\|^2)$$
die Eigenschaften 20.1 (i), (ii), (iii) hat. $\langle\,,\,\rangle$ ist stetig, denn $\|\ \|$ ist stetig.

(i) Es ist zu zeigen:
$$\|x+x'+y\|^2 - \|x+x'-y\|^2 + i\|x+x'+iy\|^2 - i\|x+x'-iy\|^2$$
$$= \|x+y\|^2 - \|x-y\|^2 + i\|x+iy\|^2 - i\|x-iy\|^2$$
$$+ \|x'+y\|^2 - \|x'-y\|^2 + i\|x'+iy\|^2 - i\|x'-iy\|^2.$$

Die Übereinstimmung der Realteile der beiden Seiten dieser Gleichung folgt aus
$$\|x+x'+y\|^2 = 2\|x+y\|^2 + 2\|x'\|^2 - \|x-x'+y\|^2$$
$$= 2\|x'+y\|^2 + 2\|x\|^2 - \|-x+x'+y\|^2$$
$$= \|x+y\|^2 + \|x'\|^2 + \|x'+y\|^2 + \|x\|^2$$
$$- \tfrac{1}{2}\|x-x'+y\|^2 - \tfrac{1}{2}\|-x+x'+y\|^2.$$

Analog folgt die Übereinstimmung der Imaginärteile.

(ii) ist nach (i) richtig für $\alpha \in \mathbb{Z}$. Für $\alpha = \dfrac{m}{n} \in \mathbb{R}, m, n \in \mathbb{Z}$, beweisen wir

(ii) folgendermaßen $\left\langle \dfrac{m}{n} x, y \right\rangle = n \cdot \dfrac{1}{n} \left\langle \dfrac{m}{n} x, y \right\rangle = \dfrac{1}{n} \left\langle n \dfrac{m}{n} x, y \right\rangle = \dfrac{1}{n} \langle mx, y\rangle = \dfrac{m}{n} \langle x, y\rangle$. Aus Stetigkeitsgründen gilt dann (ii) für alle $\alpha \in \mathbb{R}$. Man zeigt leicht, daß (ii) richtig ist für $\alpha = i$, und dann ist bewiesen, daß (ii) für alle $\alpha \in \mathbb{C}$ gilt.

(iii) zeigt man durch eine triviale Rechnung.

Für $\mathbb{K} = \mathbb{R}$ definiert man $\langle x, y\rangle = \tfrac{1}{4}(\|x+y\|^2 - \|x-y\|^2)$ und verfährt dann wie im Fall $\mathbb{K} = \mathbb{C}$.

Wir ergänzen den letzten Satz durch eine Bemerkung, die oft nützlich ist:

Ist X ein $\mathbb{R}$-Vektorraum und $\varphi\colon X\times X \to \mathbb{R}$ symmetrische bilineare Abbildung, so erhält man, wie wir gerade gesehen haben, φ aus der Funktion $q_\varphi\colon X \to \mathbb{R}$, $q_\varphi(x) = \varphi(x,x)$ durch Polarisierung zurück:

$$\varphi(x,y) = \tfrac{1}{4}(\varphi(x+y, x+y) - \varphi(x-y, x-y)).$$

Ist dagegen X ein $\mathbb{C}$-Vektorraum, so braucht man nicht die Symmetrie von φ vorauszusetzen: Es sei $\varphi\colon X\times X \to \mathbb{C}$ *sesqui-linear*, d.h.

$$\varphi(x+x', y) = \varphi(x', y) + \varphi(x, y); \quad \varphi(x, y+y') = \varphi(x, y) + \varphi(x, y'),$$
$$\varphi(\alpha x, y) = \alpha \varphi(x, y); \quad\quad\quad \varphi(x, \beta y) = \bar{\beta}\,\varphi(x, y).$$

Dann gilt, wie man sofort nachrechnet,

$$\varphi(x,y) = \tfrac{1}{4}(\varphi(x+y, x+y) - \varphi(x-y, x-y)$$
$$+ i\varphi(x+iy, x+iy) - i\varphi(x-iy, x-iy))$$

d.h., φ ist eindeutig durch $q_\varphi\colon x \mapsto \varphi(x,x)$ bestimmt.

Definition 20.7. *Ein Hilbert-Raum ist ein Paar $(X; \langle\,,\,\rangle)$ bestehend aus einem $\mathbb{K}$-Vektorraum X und einer positiv definiten hermiteschen Form $\langle\,,\,\rangle$ auf X, so daß der nach 20.4 definierte normierte Raum $(X, \|\;\|)$ vollständig ist.*

Hilbert-Räume sind insbesondere also Banach-Räume. (Verlangt man die Vollständigkeit nicht, so nennt man $(X; \langle\,,\,\rangle)$ einen *Prä-Hilbert-Raum*.)

Lemma 20.8. *$(X; \langle\,,\,\rangle)$ sei Prä-Hilbert-Raum; es sei $\widehat{X}$ die Vervollständigung des durch $\langle\,,\,\rangle$ definierten normierten Raumes $(X, \|\;\|)$. Dann ist $\widehat{X}$ in kanonischer Weise ein Hilbert-Raum.*

Beweis: Es sei $i\colon X \to \widehat{X}$ die kanonische Inklusion. Das Parallelogramm-Gesetz gilt in X. Da X dicht in $\widehat{X}$ liegt, gilt es in $\widehat{X}$. Nach 20.6 ist $\widehat{X}$ in kanonischer Weise ein Hilbert-Raum.

Satz 20.9. *Sei X Hilbert-Raum und $j\colon X \to X'$ sei definiert durch $j(y)(x) = \langle x, y\rangle$. Dann gilt:*

(i) *j ist additiv und antilinear, d.h. $j(x+y) = j(x) + j(y)$ und $j(\alpha y) = \bar{\alpha}\,j(y)$.*

(ii) *j ist isometrisch, also injektiv.*

(iii) *j ist surjektiv, also ein Anti-Isomorphismus.*

Beweis: Zunächst muß festgestellt werden, daß $j(y)$ wirklich eine stetige lineare Abbildung ist. Dies folgt unmittelbar aus der Definition und der Stetigkeit des Skalar-Produktes. Ebenso ist (i) klar.

Ferner gilt für $y \neq 0$

$$|j(y)(x)| = |\langle x, y \rangle| \leq \|x\| \|y\|, \quad \text{also} \quad \|j(y)\| \leq \|y\|,$$

$$j(y)\left(\frac{1}{\|y\|} y\right) = \|y\|, \qquad \text{d.h.} \quad \|j(y)\| \geq \|y\|.$$

Damit ist (ii) bewiesen.

Um die Surjektivität von j zu zeigen, wählen wir $F: X \to \mathbb{K}$, $F \in X'$, und o.B.d.A. sei $\|F\| = 1$. Wir behaupten zunächst: Es gibt ein $y \in X$ mit $\|y\| = 1$ und $F(y) = 1$. Wegen $\|F\| = 1$ existiert eine Folge $\{y_n\}_{n=1,2,\ldots}$ mit $\|y_n\| = 1$ und $\lim |F(y_n)| = 1$. Wir multiplizieren die y_n mit geeigneten komplexen Zahlen vom Betrag 1 und können annehmen, daß $F(y_n)$ reell ist und $0 < F(y_n) \leq 1$. Ist $0 < \varepsilon < 1$, so gilt für genügend großes n, m:

$$F(y_n) \geq 1 - \frac{\varepsilon}{8}, \quad \text{also} \quad F(y_n + y_m) \geq 2 - \frac{\varepsilon}{4}.$$

Aus dem Parallelogramm-Gesetz folgt

$$\|y_n - y_m\|^2 = 2\|y_n\|^2 + 2\|y_m\|^2 - \|y_n + y_m\|^2 \leq 4 - \left(2 - \frac{\varepsilon}{4}\right)^2 < \varepsilon.$$

Die Folge $\{y_n\}$ ist also Cauchy-Folge; sei y ihr Limes; dann gilt $\|y\| = 1$ und $|F(y)| = 1$.

Wir zeigen nun $F = j(y)$, d.h. $F(x) = \langle x, y \rangle$ für alle $x \in X$. Sei zunächst $\mathbb{K} = \mathbb{R}$. Wegen $\|F\| = 1$ erhält man mit $\lambda > 0$:

$$\frac{-1}{\lambda}(\|y - \lambda x\| - \|y\|) \leq \frac{-1}{\lambda}(F(y - \lambda x) - F(y)) = F(x),$$

$$F(x) = \frac{1}{\lambda}(F(y + \lambda x) - F(y)) \leq \frac{1}{\lambda}(\|y + \lambda x\| - \|y\|).$$

Wir haben also

$$\frac{-1}{\lambda}(\|y - \lambda x\| - \|y\|) \leq F(x) \leq \frac{1}{\lambda}(\|y + \lambda x\| - \|y\|).$$

Wir führen nun den Grenzübergang $\lambda \to 0$ durch. Mittels der Regel von DE l'HOPITAL ergibt sich, daß die beiden äußeren Glieder dieser Ungleichung gegen $\langle x, y \rangle$ konvergieren, denn $\varphi(x) = \|y \pm \lambda x\| = (\langle y, y \rangle \pm 2\lambda \langle x, y \rangle + \lambda^2 \langle x, x \rangle)^{\frac{1}{2}}$ ist bei $\lambda = 0$ nach λ differenzierbar, und die Ableitung errechnet sich dort zu $\pm \langle x, y \rangle$.

Ist $\mathbb{K}=\mathbb{C}$, so wird X mit dem inneren Produkt $\operatorname{Re}\langle x, y\rangle$ zu einem reellen Hilbert-Raum. Wir schreiben wie schon öfter $F(x)=f(x)-i\,f(i\,x)$ mit $f=\operatorname{Re}(F)$. Dann haben wir schon bewiesen $f(x)=\operatorname{Re}\langle x, y\rangle$, also

$$F(x) = \operatorname{Re}\langle x, y\rangle - i \operatorname{Re}\langle i\,x, y\rangle = \operatorname{Re}\langle x, y\rangle + i \operatorname{Im}\langle x, y\rangle, \qquad \text{q.e.d.}$$

Korollar 20.10. *Hilbert-Räume sind reflexiv.*

Beweis: Das folgt aus der Kommutativität des Diagrammes

$$\begin{array}{ccc} X & \longrightarrow & X'' \\ {\scriptstyle j_X}\downarrow & & \downarrow{\scriptstyle j'_X} \\ X' & \stackrel{=}{\longrightarrow} & X' \end{array} \quad \text{mit } \bar{f}(x) = \overline{f(x)}.$$

Übungsaufgabe: Zeige, daß ein Hilbert-Raum gleichmäßig konvex ist. Aus dem Satz von MILMAN folgt, daß jeder Hilbert-Raum reflexiv ist. Nutze dies aus, um die Surjektivität von j zu zeigen (vgl. 19.1).

§ 21. Orthonormale Basen in Hilbert-Räumen

Definition 21.1. *Sei X ein Hilbert-Raum. Zwei Elemente $x, y \in X$ heißen orthogonal ($x \perp y$), wenn $\langle x, y\rangle = 0$. Zwei Teilmengen M_1, M_2 von X heißen orthogonal, wenn für alle $x \in M_1, y \in M_2$ gilt $\langle x, y\rangle = 0$. Für $M \subset X$ heißt die Menge*

$$M^\perp = \{x \in X \mid \langle x, y\rangle = 0 \text{ für alle } y \in M\}$$

orthogonales Komplement von M.

Eine Untermenge $\{x_i\}_{i \in I}$ von X heißt orthonormal, falls $\langle x_i, x_j\rangle = \delta_{ij}$ (Kronecker-Delta).

Lemma 21.2 (Satz von PYTHAGORAS). *Es seien x, y orthogonale Elemente des Hilbert-Raumes X. Dann gilt*

$$\|x\|^2 + \|y\|^2 = \|x+y\|^2.$$

Beweis: Klar!

Lemma 21.3. *Sei X Hilbert-Raum und M abgeschlossener Unterraum. Dann sind M und $M^\perp$ konjugierte Unterräume, d.h. $M \cap M^\perp = 0$, $M + M^\perp = X$.*

Beweis: $M \cap M^\perp = 0$ ist klar.

Ist $y \in X$ gegeben, so betrachten wir die lineare Abbildung $j_X(y)|_M$. Da M abgeschlossen ist, ist M auch ein Hilbert-Raum. Es gibt also nach 20.9 ein eindeutig bestimmtes $y_1 \in M$ mit

$$\langle x, y \rangle = (j_X(y)|_M)(x) = \langle x, y_1 \rangle$$

für alle $x \in M$. Aus dieser Gleichung folgt aber $(y - y_1) \in M^\perp$. Wegen $y = y_1 + (y - y_1)$ ist damit $X = M + M^\perp$ bewiesen.

(Das Element y_1 kann auch folgendermaßen beschrieben werden: X ist gleichmäßig konvex. Da $W = \{x - y \mid y \in M\}$ abgeschlossen und konvex ist, existiert nach dem Approximationssatz 16.4 ein eindeutig bestimmtes $x_1 \in M$ mit

$$\|x - x_1\| = \inf_{y \in M} \|x - y\|.$$

Dies x_1 ist genau der Vektor y_1.)

Die Struktur beliebiger Hilbert-Räume kann leicht aufgeklärt werden. Tatsächlich ist — genau wie im endlich-dimensionalen Fall — jeder Hilbert-Raum bis auf Isomorphie durch die Mächtigkeit einer (geeignet zu definierenden) Basis bestimmt. Wir benötigen einige Vorbereitungen.

Definition 21.4. *Eine Familie $\{x_i\}_{i \in I}$ von Elementen des Hilbert-Raumes X heißt summierbar zu $x \in X$, wenn es zu jedem $\varepsilon > 0$ eine endliche Teilmenge J_ε von I gibt, so daß für alle endlichen J mit $I \supset J \supset J_\varepsilon$ gilt:*

$$\left\| x - \sum_{i \in J} x_i \right\| < \varepsilon.$$

Offenbar ist dann x eindeutig bestimmt. Wir schreiben

$$x = \sum_{i \in I} x_i.$$

Im Fall, daß unser Hilbert-Raum der Körper $\mathbb{K}$ ist, bedeutet Summierbarkeit der Familie $\{x_i\}$ im wesentlichen dasselbe wie absolute (oder unbedingte) Konvergenz der Reihe $\sum x_i$.

Im folgenden seien $J, J_0, J_1, \ldots, J_n, J_\varepsilon$ usw. immer endliche Teilmengen der Indexmenge I, ohne daß dies ausdrücklich wiederholt wird.

Lemma 21.5. (i) *Eine Familie $\{x_i\}_{i \in I}$ ist genau dann summierbar, wenn es für alle $\varepsilon > 0$ ein J_0 gibt, so daß*

$$\left\| \sum_{i \in J} x_i \right\| < \varepsilon \quad \text{für alle } J \text{ mit } J \cap J_0 = \emptyset.$$

90 Hilbert-Räume

(ii) $\{x_i\}_{i \in I}$ ist summierbar zu x genau dann, wenn höchstens abzählbar viele $x_i \neq 0$ sind und wenn für jede Abzählung $x_1, x_2, \ldots$ dieser x_i gilt

$$x = \lim_{n \to \infty} \sum_{j=1}^{n} x_j.$$

Beweis: (i) „$\Rightarrow$" Sei $\{x_i\}$ summierbar und $x = \sum x_i$. Zu $\varepsilon > 0$ gibt es J_0 mit

$$\left\| \sum_{i \in J'} x_i - x \right\| < \frac{\varepsilon}{2} \quad \text{für alle} \quad J' \supset J_0.$$

Dann gilt für eine beliebige Menge J mit $J \cap J_0 = \emptyset$

$$\left\| \sum_{i \in J} x_i \right\| = \left\| \sum_{i \in J \cup J_0} x_i - \sum_{i \in J_0} x_i \right\| \leq \left\| \sum_{i \in J \cup J_0} x_i - x \right\| + \left\| x - \sum_{i \in J_0} x_i \right\| < \varepsilon.$$

„$\Leftarrow$" Es gibt eine Menge J_n, so daß aus $J \cap J_n = \emptyset$ folgt

$$\left\| \sum_{i \in J} x_i \right\| < \frac{1}{n}.$$

Deswegen ist $\left\{ \sum_{i \in J_1 \cup \ldots \cup J_n} x_i \right\}_{n=1,2,\ldots}$ Cauchy-Folge. Sei x ihr Limes. Offenbar gilt $x = \sum_{i \in I} x_i$.

(ii) Ist $\{x_i\}_{i \in I}$ summierbar und haben die J_n dieselbe Bedeutung wie eben, so ist $\bigcup_{n=1}^{\infty} J_n$ abzählbar. Sei $i \notin \bigcup_{n=1}^{\infty} J_n$. Dann gilt $\|x_i\| < 1/n$ für alle n, also $x_i = 0$. Der Rest ist nun offensichtlich, ebenso die andere Richtung der Behauptung.

Lemma 21.6. Es seien $\{x_i\}_{i \in I}$, $\{y_i\}_{i \in I}$ summierbare Familien, $\alpha \in \mathbb{K}$, $z \in X$. Dann gilt:

(i) $\quad \alpha \sum_{i \in I} x_i = \sum_{i \in I} \alpha x_i.$

(ii) $\quad \sum_{i \in I} x_i + \sum_{i \in I} y_i = \sum_{i \in I} (x_i + y_i).$

(iii) $\quad \left\langle \sum_{i \in I} x_i, z \right\rangle = \sum_{i \in I} \langle x_i, z \rangle.$

Beweis: (i) und (ii) sind klar. (iii) Sei nach dem letzten Lemma

$$x = \sum_{i \in J} x_i = \sum_{j=1}^{\infty} x_j.$$

Dann ergibt sich der Beweis aus folgender Ungleichung:
$$\left| \langle x, z \rangle - \sum_{j=1}^{n} \langle x_j, z \rangle \right| = \left| \left\langle \sum_{j=n+1}^{\infty} x_j, z \right\rangle \right| \leq \left\| \sum_{n+1}^{\infty} x_j \right\| \|z\| \leq \varepsilon \|z\|$$
für genügend großes n.

Lemma 21.7. *Sei $\{x_i\}_{i \in I}$ eine Familie paarweise orthogonaler Elemente aus X. Dann gilt: $\{x_i\}_{i \in I}$ ist summierbar genau dann, wenn $\{\|x_i\|^2\}_{i \in I}$ in dem Hilbert-Raum $\mathbb{R}$ summierbar ist. In diesem Fall gilt ferner:*
$$\|\sum x_i\|^2 = \sum \|x_i\|^2.$$

Beweis: Mit den Bezeichnungen von 21.5.(i) gilt nach dem Satz von PYTHAGORAS
$$\sum_{i \in J} \|x_i\|^2 = \left\| \sum_{i \in J} x_i \right\|^2 < \varepsilon^2 \Leftrightarrow \{\|x_i\|^2\}_{i \in I} \text{ ist summierbar.}$$

Das ist die behauptete Äquivalenz.

Sei $x = \sum_{i \in I} x_i$. Dann gilt nach 21.6
$$\langle x, x \rangle = \left\langle \sum_i x_i, x \right\rangle = \sum_i \langle x_i, x \rangle = \sum_i \left\langle x_i, \sum_j x_j \right\rangle$$
$$= \sum_i \left(\sum_j \langle x_i, x_j \rangle \right) = \sum_i \langle x_i, x_i \rangle, \quad \text{q.e.d.}$$

Satz 21.8. *Sei $\{x_i\}_{i \in I}$ orthonormale Untermenge des Hilbert-Raumes X. Dann gilt:*

(i) $\sum_{i \in I} |\langle x, x_i \rangle|^2 \leq \|x\|^2$ *für alle $x \in X$ (Besselsche Ungleichung).*

(ii) $\sum_{i \in I} |\langle x, x_i \rangle|^2 = \|x\|^2$ *(Parsevalsche Gleichung) genau dann wenn*
$$x = \sum_{i \in I} \langle x, x_i \rangle x_i.$$

Beweis: (i) Für alle endlichen Untermengen J von I gilt
$$0 \leq \left\| x - \sum_{j \in J} \langle x, x_j \rangle x_j \right\|^2 = \|x\|^2 - \sum_{j \in J} |\langle x, x_j \rangle|^2.$$

Also existiert $\sum_{i \in I} |\langle x, x_i \rangle|^2$, und die Besselsche Ungleichung ist erfüllt.

(ii) $\left\| x - \sum_{i \in I} \langle x, x_i \rangle x_i \right\|^2 = \|x\|^2 - \sum_{i \in I} |\langle x, x_i \rangle|^2 = 0$
$$\Leftrightarrow x = \sum_{i \in I} \langle x, x_i \rangle x_i, \quad \text{q.e.d.}$$

Ist eine Familie $\{x_i\}_{i \in I}$ von Hilbert-Räumen X_i gegeben, so wird ihre *direkte Summe* $\sum X_i$ definiert als folgende Teilmenge des cartesischen Produktes der X_i

$$\sum_{i \in I} X_i = \left\{ \{x_i\}_{i \in I} \mid x_i \in X_i; \sum_{i \in I} \|x_i\|^2 \text{ existiert} \right\}.$$

Sind für die Familien $\{x_i\}$, $\{y_i\}$; $x_i, y_i \in X_i$ die Familien $\{\|x_i\|^2\}$, $\{\|y_i\|^2\}$ in $\mathbb{R}$ summierbar, so ist nach der Hölderschen Ungleichung für den Spezialfall des Hilbertschen Folgenraumes l^2 auch $\{\|x_i\| \|y_i\|\}$ summierbar. Nach der Cauchy-Schwarzschen Ungleichung

$$|\langle x_i, y_i \rangle| \leq \|x_i\| \|y_i\|$$

ist dann auch $\{\langle x_i, y_i \rangle\}$ summierbar.

Damit folgt leicht, daß die direkte Summe $\sum X_i$ ein $\mathbb{K}$-Vektorraum ist. Dieser $\mathbb{K}$-Vektorraum wird mit dem inneren Produkt

$$\langle \{x_i\}, \{y_i\} \rangle = \sum_{i \in I} \langle x_i, y_i \rangle$$

zu einem Hilbert-Raum. Es ist ziemlich klar, daß dieses $\langle , \rangle$ alle Eigenschaften eines Skalarproduktes hat. Haben wir eine Cauchy-Folge in $\sum X_i$, so ist leicht zu sehen, daß die Folge der i-ten Koordinaten eine Cauchy-Folge in X_i ist. Diese konvergiert also in X_i. Die Familie dieser Grenzwerte liegt in $\sum X_i$ und ist Grenzwert der Cauchy-Folge, von der wir ausgegangen sind.

Identifiziert man X_i mit seinem Bild in $\sum X_i$, so ist die Familie $\{x_i\}_{i \in I}$ (von Elementen aus $\sum X_i$!) summierbar und natürlich gilt

$$\sum_{i \in I} x_i = \{x_i\}_{i \in I},$$

wobei hier wieder x_i als Element von X_i und $\{x_i\}$ als Element von $\sum X_i$ betrachtet wird.

Satz 21.9. *Sei $\{x_i\}_{i \in I}$ ein orthonormales System von Vektoren aus dem Hilbert-Raum X. Dann sind folgende Aussagen äquivalent:*

(i) *$\{x_i\}_{i \in I}$ ist maximal (oder vollständig), d.h. ist $\{y_i\}$ ein orthonormales System, das alle x_i enthält, so sind $\{x_i\}$ und $\{y_i\}$ als Mengen gleich.*

(ii) *Gilt $x \perp x_i$ für alle i, so folgt $x = 0$.*

(iii) *Sei $M_i = \{\alpha x_i \mid \alpha \in \mathbb{K}\}$. Dann existiert ein isometrischer Isomorphismus*

$$X \cong \sum_{i \in I} M_i.$$

(iv) *Für alle $x \in X$ gilt:*
$$x = \sum_{i \in I} \langle x, x_i \rangle x_i \quad (Fourier\text{-}Entwicklung).$$

(v) *Für alle $x, y \in X$ gilt*
$$\langle x, y \rangle = \sum_{i \in I} \langle x, x_i \rangle \langle x_i, y \rangle.$$

(vi) *Für alle $x \in X$ gilt*
$$\|x\|^2 = \sum |\langle x, x_i \rangle|^2 \quad (Parsevalsche\ Gleichung).$$

Beweis: „(i) $\Rightarrow$ (ii)" Wäre $x \neq 0$ und $x \perp x_i$ für alle i, so wäre
$$\{x_i\}_{i \in I} \cup \left\{ \frac{x}{\|x\|} \right\}$$
orthonormales System, d. h. $\{x_i\}$ wäre nicht maximal.

„(ii) $\Rightarrow$ (iii)" Die kanonische Abbildung
$$j: \sum M_i \to X, \quad j(x_i) = x_i$$
ist eine lineare Isometrie, die das Skalarprodukt erhält. Wäre j nicht surjektiv, so gäbe es wegen der Abgeschlossenheit von $j(\sum M_i)$ ein $x \neq 0$ mit $x \perp j(\sum M_i)$, also $x \perp x_i$. Das widerspricht (ii).

„(iii) $\Rightarrow$ (iv)" Jedes Element $x \in \sum M_i$ schreibt sich in der Form
$$x = \sum_{i \in I} \alpha_i x_i.$$
Aus $\langle \sum \alpha_i x_i, x_j \rangle = \alpha_j$ folgt die Fourier-Entwicklung
$$x = \sum_{i \in I} \langle x, x_i \rangle x_i.$$

„(iv) $\Rightarrow$ (v)" Triviale Rechnung.

„(v) $\Rightarrow$ (vi)" Setze $y = x$.

„(vi) $\Rightarrow$ (i)" Gäbe es ein x mit $\|x\| = 1$ und $x \perp x_i$ für alle i, so wäre nach der Parsevalschen Gleichung
$$\|x\|^2 = \sum |\langle x, x_i \rangle|^2 = 0$$
also $x = 0$ Widerspruch!

Definition 21.10. *Ein orthonormales System $\{x_i\}_{i \in I}$, das die Bedingungen dieses Satzes erfüllt, heißt Hilbert-Basis oder einfach Basis von X.*

Aus (ii) folgt, daß X durch die Mächtigkeit der Basis bis auf Isomorphie bestimmt ist, womit das Analogon zur Situation bei endlichdimersionalen Vektorräumen bewiesen ist.

§ 22. Hermitesche Operatoren

Sei X ein $\mathbb{K}$-Hilbert-Raum. Wir haben in Satz 20.9 bewiesen, daß die kanonische Abbildung

$$j_X: X \to X'; \quad j_X(x)(y) = \langle y, x \rangle$$

eine anti-lineare bijektive Isometrie ist.

Definition 22.1. *Seien X, Y $\mathbb{K}$-Hilbert-Räume und $A: X \to Y$ eine stetige lineare Abbildung. Es sei*

$$A^*: Y \to X$$

definiert durch

$$\langle x, A^* y \rangle = \langle Ax, y \rangle, \quad x \in X, \quad y \in Y.$$

Dann heißt A^* der zu A adjungierte Operator.

Es ist zu zeigen, daß es genau eine stetige lineare Abbildung A^* gibt, die diese Bedingung erfüllt. Es sei $A': Y' \to X'$ die transponierte Abbildung zu A. Die Bedingung in 22.1 ist gleichbedeutend mit

$$j_X(A^* y)(x) = j_Y(y)(Ax) \quad \Leftrightarrow$$
$$j_X(A^* y) = j_Y(y) \circ A = A' \circ j_Y(y) \Leftrightarrow$$
$$j_X \circ A^* = A' \circ j_Y.$$

Also muß gelten

$$A^* = j_X^{-1} \circ A' \circ j_Y.$$

Also existiert A^*, ist eindeutig bestimmt, stetig, linear, und es gilt $\|A^*\| = \|A\|$. Wir fassen zusammen:

Lemma 22.2. *Die Abbildung*

$$*: L(X, Y) \to L(Y, X); \quad A \mapsto A^*$$

ist eine Isometrie, und es gilt

$$(A + B)^* = A^* + B^*; \quad (\alpha A)^* = \bar{\alpha} A^*; \quad A^{**} = A,$$

d.h., insbesondere sie ist antilinear.

Ist Z ein dritter Hilbert-Raum und $B \in L(Y, Z)$, so gilt $(B \circ A)^* = A^* \circ B^*$.

Hermitesche Operatoren

Beweis: Soweit noch nicht geführt, durch triviale Rechnungen zu erbringen.

Die Abschätzung

$$|\langle A x, y\rangle| \leq \|A x\| \|y\| \leq \|A\| \|x\| \|y\|$$

hat folgende „Umkehrung":

Lemma 22.3. *Gilt für alle $x, y \in X$*

$$|\langle A x, y\rangle| \leq c \|x\| \|y\|,$$

so folgt

$$\|A\| \leq c,$$

also

$$\|A\| = \mathrm{Inf}\{c \in \mathbb{R} \mid |\langle A x, y\rangle| \leq c \|x\| \|y\| \text{ für alle } x, y\}$$
$$= \mathrm{Sup}\{|\langle A x, y\rangle| \mid \|x\| = \|y\| = 1\}.$$

Beweis: Aus $|\langle A x, A x\rangle| \leq c \|x\| \|A x\| \leq c \|x\|^2 \|A\|$ folgt

$$\|A x\| \leq \sqrt{c \|A\|} \|x\| \Rightarrow \|A\| \leq \sqrt{c \|A\|}.$$

Zusammen mit der obigen Ungleichung folgt, daß $\|A\|$ gleich dem angegebenen Infimum ist. Daß dieses Infimum gleich dem angegebenen Supremum ist, folgt unmittelbar aus der Definition der Norm einer linearen Abbildung.

Lemma 22.4. *Es gelte für alle $x \in X$*

$$|\langle A x, x\rangle| \leq d \|x\|^2.$$

Dann gilt für alle $x, y \in X$

$$|\langle A x, y\rangle + \langle x, A y\rangle| \leq 2d \|x\| \|y\|.$$

In einem komplexen Hilbert-Raum gilt die schärfere Ungleichung

$$|\langle A x, y\rangle| + |\langle x, A y\rangle| \leq 2d \|x\| \|y\|.$$

Beweis: Aus der Identität

$$\langle A(x+y), x+y\rangle - \langle A(x-y), x-y\rangle = 2(\langle A x, y\rangle + \langle A y, x\rangle)$$

erhalten wir

$$2 |\langle A x, y\rangle + \langle A y, x\rangle| \leq d(\|x+y\|^2 + \|x-y\|^2),$$

also unter Verwendung der Parallelogramm-Gleichung (20.6)

$$2|\langle Ax, y\rangle + \langle Ay, x\rangle| \leq 2d(\|x\|^2 + \|y\|^2).$$

Wähle $a \in \mathbb{R}$, $a > 0$ und ersetze in der letzten Ungleichung x durch x/a und y durch ay. Man erhält:

$$|\langle Ax, y\rangle + \langle Ay, x\rangle| \leq d\left(\frac{1}{a^2}\|x\|^2 + a^2\|y\|^2\right).$$

Für $y = 0$ ist die Behauptung richtig. Falls $y \neq 0$, wähle speziell $a^2 := \|x\|/\|y\|$. Dann ergibt sich:

$$|\langle Ax, y\rangle + \langle Ay, x\rangle| \leq 2d\|x\|\|y\|.$$

Für $\mathbb{K} = \mathbb{R}$ ist das die Behauptung.

Für $\mathbb{K} = \mathbb{C}$ ersetzen wir x durch $e^{i\psi}x$ und multiplizieren die linke Seite mit $1 = |e^{i\varphi}|$:

$$|e^{i\varphi}\langle A e^{i\psi}x, y\rangle + e^{i\varphi}\langle Ay, e^{i\psi}x\rangle| \leq 2d\|x\|\|y\|,$$

$$|e^{i(\varphi+\psi)}\langle Ax, y\rangle + e^{i(\varphi-\psi)}\langle Ay, x\rangle| \leq 2d\|x\|\|y\|.$$

Durch geeignete Wahl von φ und ψ kann man die beiden Summanden auf der linken Seite reell und positiv machen und erhält die Behauptung.

Korollar 22.5. *Gilt in dem komplexen Hilbert-Raum X für den Operator A*

$$\langle Ax, x\rangle = 0 \quad \text{für alle } x,$$

so ist $A = 0$.

Definition 22.6. *Ist A linearer stetiger Operator auf dem Hilbert-Raum X, so heißt A hermitesch oder selbstadjungiert, falls $A = A^*$, d.h.*

$$\langle Ax, y\rangle = \langle x, Ay\rangle \quad \text{für alle } x, y.$$

In einem komplexen Hilbert-Raum können wir hermitesche Operatoren auch folgendermaßen charakterisieren:

Lemma 22.7. *In einem komplexen Hilbert-Raum ist A genau dann hermitesch, wenn $\langle Ax, x\rangle$ reell ist für alle $x \in X$.*

Beweis:

„$\Rightarrow$" $\langle Ax, x\rangle = \langle x, Ax\rangle = \overline{\langle Ax, x\rangle}.$

„$\Leftarrow$" $\langle Ax, x\rangle = \overline{\langle Ax, x\rangle} = \langle x, Ax\rangle = \langle A^*x, x\rangle,$

also gilt $\langle (A - A^*)x, x\rangle = 0$ für alle x. Nach dem letzten Korollar folgt die Behauptung.

Hermitesche Operatoren

Für hermitesche Operatoren können wir Lemma 22.3. verschärfen:

Lemma 22.8. A sei hermitescher Operator. Dann gilt
$$\|A\| = \text{Inf}\{d \in \mathbb{R} \mid |\langle Ax, x \rangle| \leq d \|x\|^2 \text{ für alle } x \in X\}.$$

Beweis: Gilt für $d \in \mathbb{R}$
$$|\langle Ax, x \rangle| \leq d \|x\|^2,$$
so folgt nach Lemma 22.4
$$|\langle Ax, y \rangle| \leq d \|x\| \|y\|.$$
Nach 22.3 folgt die Behauptung.

Definition 22.9. Es seien A, B hermitesche Operatoren. Wir definieren
$$A \geq 0 \Leftrightarrow \langle Ax, x \rangle \geq 0 \text{ für alle } x \in X,$$
$$A \geq B \Leftrightarrow A - B \geq 0.$$

Man sieht leicht, daß sämtliche Eigenschaften einer Ordnungs-Relation erfüllt sind, d.h.,
$$A \geq A,$$
$$A \geq B, \; B \geq A \Rightarrow A = B,$$
$$A \geq B, \; B \geq C \Rightarrow A \geq C.$$

Id_X ist hermitescher Operator und für $\alpha \in \mathbb{R}$ auch $\alpha \, \text{Id}$, wofür wir gelegentlich auch einfach α schreiben. Wir können also hermitesche Operatoren zwischen reelle Zahlen einschließen:
$$\alpha \leq A \leq \beta \Leftrightarrow \alpha \|x\|^2 \leq \langle Ax, x \rangle \leq \beta \|x\|^2 \text{ für alle } x.$$
Also gilt z.B. immer
$$-\|A\| \leq A \leq \|A\|.$$

Für positive hermitesche Operatoren folgt aus der Cauchy-Schwarzschen Ungleichung:

Korollar 22.10. Ist A hermitesch und $A \geq 0$, so gilt für alle $x, y \in X$
$$|\langle Ax, y \rangle|^2 \leq \langle Ax, x \rangle \langle Ay, y \rangle.$$
Ist insbesondere $\langle Ax, x \rangle = 0$, so ist auch $Ax = 0$.

Beweis: $(x, y) \mapsto \langle Ax, y \rangle$ ist positiv semidefinite hermitesche Form.

Satz 22.11. Sei $\{A_i\}_{i=1,2,\ldots}$ eine monoton wachsende (oder fallende) beschränkte Folge hermitescher Operatoren. Dann ist $\{A_i\}_{i=1,2,\ldots}$ schwachkonvergent gegen einen beschränkten hermiteschen Operator A, d.h. für alle $x \in X$ konvergiert die Folge $\{A_i x\}$ gegen Ax.

98 Hilbert-Räume

Beweis: Nach Voraussetzung konvergiert für alle $x \in X$ die Folge $\{\langle A_i x, x\rangle\}_{i=1,2,\ldots}$. Dann konvergiert auch für alle $x, y \in X$ die Folge $\{\langle A_i x, y\rangle\}$, denn ist $\mathbb{K} = \mathbb{R}$, so gilt für einen hermiteschen Operator B:
$$\langle B x, y\rangle = \frac{1}{4}[\langle B(x+y), x+y\rangle - \langle B(x-y), x-y\rangle],$$
und ist $\mathbb{K} = \mathbb{C}$, so gilt:
$$\langle B x, y\rangle = \frac{1}{4}[\langle B(x+y), x+y\rangle - \langle B(x-y), x-y\rangle]$$
$$+ \frac{i}{4}[\langle B(x+iy), x+iy\rangle - \langle B(x-iy), x-iy\rangle].$$

Die Folge $\{A_i\}$ ist also zunächst einmal punktweise schwach-konvergent, d.h., zu jedem $x \in X$ gibt es genau ein $Ax \in X$, so daß für alle $y \in X$ $\lim_{i\to\infty} \langle A_i x, y\rangle = \langle A x, y\rangle$. Offenbar ist die Abbildung $x \mapsto A x$ linear, beschränkt und hermitesch.

Die Folge $\{A_i\}$ sei monoton steigend; o.B.d.A. gelte $0 \leq A_i \leq \frac{1}{2}$. Für $n \geq m$ gilt dann $A_n - A_m \geq 0$ und $\|A_n - A_m\| \leq 1$. Mit dem obigen Korollar erhalten wir folgende Abschätzung:
$$\langle (A_n - A_m) x, (A_n - A_m) x\rangle^2$$
$$\leq \langle (A_n - A_m) x, x\rangle \langle (A_n - A_m)^2 x, (A_n - A_m) x\rangle$$
$$\leq \langle (A_n - A_m) x, x\rangle \|x\|^2$$
$$\Rightarrow \quad \|A_n x - A_m x\|^4 \leq \varepsilon \|x\|^2$$
für genügend große n, m wegen der punktweisen schwachen Konvergenz. Also ist $\{A_i x\}$ konvergent.

Lemma 22.12. *Ein hermitescher Operator B ist durch die Funktion $x \mapsto \langle B x, x\rangle$ eindeutig gekennzeichnet.*

Beweis: Dies folgt aus den im letzten Beweis benutzten Formeln.

Übungsaufgaben

1. Sei X ein $\mathbb{K}$-Hilbert-Raum und $\{x_n\}$ sei schwach-konvergent gegen x. Es gelte $\lim\|x_n\| = \|x\|$. Dann ist $\{x_n\}$ normkonvergent gegen x.
2. Ein Operator $U: X \to X$ heißt unitär falls $\langle Ux, Uy\rangle = \langle x, y\rangle$ für alle x, y. Zeige $\|U\| = 1$. Offenbar bilden die unitären Operatoren eine Gruppe $\mathfrak{U}$. Die Abbildung $U: \mathbb{R} \to \mathfrak{U}$ sei stetig bezüglich der punktweisen schwachen Topologie (d.h. für alle $x, y \in X$ ist $t \mapsto \langle U_t x, y\rangle$ stetig.) Dann ist U stetig bezüglich der schwachen Topologie (d.h. $t \mapsto U_t x$ ist für alle x stetig).

3. Sei X Hilbert-Raum. Die Folge der Operatoren $T_n: X \to X$ sei punktweise schwach-konvergent gegen T; die Folge der Operatoren T'_n sei punktweise schwach-konvergent gegen T'. Dann ist $\{T_n T'_n\}$ punktweise schwach-konvergent gegen TT'. (Wende das Prinzip der gleichmäßigen Beschränktheit an.)

4. Sei X komplexer Hilbert-Raum und $f: X \times X \to \mathbb{C}$ eine stetige hermitesche Form. Zeige, daß ein eindeutig bestimmter stetiger hermitescher Operator A existiert mit $f(x, y) = \langle Ax, y \rangle$ für alle $x, y \in X$.

KAPITEL VII

Lineare Operatoren in Banach-Räumen. Kompakte Operatoren. Fredholm-Operatoren

In den ersten Kapiteln haben wir in erster Linie verschiedene Typen normierter Räume, ihre Geometrie und ihre inneren Eigenschaften untersucht. In den folgenden Kapiteln wird die Untersuchung der linearen Operatoren $A: X \to X$ im Vordergrund stehen. Unser Hauptziel ist es, die Grundlagen der Spektraltheorie darzustellen. Diese Theorie ist die Verallgemeinerung der Theorie der Eigenwerte linearer Operatoren in endlich-dimensionalen Vektorräumen auf unendlich-dimensionale.

In den folgenden Kapiteln liegt allen unseren Untersuchungen immer ein Banach-Raum oder Hilbert-Raum zugrunde, obwohl manches auch für normierte Räume bzw. Prä-Hilbert-Räume gilt.

In diesem Kapitel bringen wir den Teil der Theorie, der in beliebigen Banach-Räumen gilt. In den weiteren Kapiteln beschränken wir uns auf Hilbert-Räume. Dieses Kapitel enthält also zunächst die grundlegenden Definitionen, wie das Spektrum eines linearen Operators, und die wichtigsten allgemeinen Sätze. Dann untersuchen wir spezielle Klassen von Operatoren, einmal die kompakten, deren Theorie weitgehend dem endlich-dimensionalen Fall analog ist, sodann die Fredholm-Operatoren, die eng mit kompakten Operatoren zusammenhängen. Schließlich zeigen wir den Zusammenhang zwischen Integral-Gleichungen und kompakten Operatoren.

§ 23. Spektralwerte stetiger Operatoren

Die Ergebnisse dieses Paragraphen — insbesondere Satz 23.5 — sind fundamental für alles Folgende.

Definition 23.1. *Sei X ein Banach-Raum über dem Körper $\mathbb{K}$ und A eine stetige lineare Abbildung $A: X \to X$ oder, wie wir oft sagen werden, ein stetiger linearer Operator auf X.*

(i) *Ein Element $\xi \in \mathbb{K}$ heißt regulär bezüglich A, falls $A - \xi \operatorname{Id}$ bijektiv ist.* (Dann ist nach dem Satz vom inversen Operator $(A - \xi \operatorname{Id})^{-1}$ stetig.)

(ii) *Die Menge*
$$R(A) = \{\xi \in \mathbb{K} \mid \xi \text{ regulär bezüglich } A\}$$
heißt Resolventenmenge von A. Die Funktion
$$R(A) \to L(X, X), \quad \xi \mapsto R_\xi = (A - \xi \operatorname{Id})^{-1}$$
heißt Resolventen-Funktion.

Spektralwerte stetiger Operatoren 101

(iii) *Die Menge* $S(A) = \mathbb{K} - R(A)$ *heißt Spektrum von A, die Elemente von $S(A)$ heißen Spektralwerte von A. Eine Zahl $\xi \in \mathbb{K}$ heißt Eigenwert von A, falls*
$$\mathrm{Kern}(A - \xi \mathrm{Id}) \neq 0.$$

$\mathrm{Kern}(A - \xi \mathrm{Id})$ *heißt Eigenraum zum Eigenwert ξ.*

Jeder Eigenwert ist also Spektralwert.

Im endlich-dimensionalen Fall gilt auch die Umkehrung, nicht dagegen bei unendlicher Dimension, wie das folgende Beispiel zeigt: X sei der Hilbertsche Folgen-Raum l^2. Die Abbildung $\{x_1, x_2, \ldots\} \mapsto \{0, x_1, x_2, \ldots\}$ ist linear, stetig und injektiv, aber nicht surjektiv. 0 ist also Spektralwert, aber nicht Eigenwert dieser Abbildung.

Lemma 23.2. *Es seien X, Y Banach-Räume, und $T: X \to Y$ eine bijektive stetige lineare Abbildung. Für $T_1 \in L(X, Y)$ gelte*
$$\|T - T_1\| < \|T^{-1}\|^{-1}.$$
Dann ist T_1 bijektiv.

Beweis: Es ist $T_1 = T(\mathrm{Id} - T^{-1}(T - T_1))$. Wir konstruieren nun das Inverse von T_1 in Form einer geometrischen Reihe. Die Reihe
$$\left(\sum_{n=0}^{\infty} \left(T^{-1}(T - T_1)\right)^n \right) T^{-1} \qquad (*)$$

konvergiert, denn die Folge der Partialsummen ist eine Cauchy-Folge:
$$\left\| \sum_{n=n_0}^{N} \left(T^{-1}(T - T_1)\right)^n \right\| \leq \sum_{n_0}^{N} \left\| \left(T^{-1}(T - T_1)\right)^n \right\| \leq \sum_{n_0}^{N} K^n$$

mit $K = \|T - T_1\| \, \|T^{-1}\| < 1$. Man rechnet wie bei der geometrischen Reihe sofort nach, daß $(*)$ Inverses von $T_1 = T(\mathrm{Id} - T^{-1}(T - T_1))$ ist.

Korollar 23.3. *Die Resolventenmenge $R(A)$ ist offen.*

Beweis: Ist $A - \xi \mathrm{Id}$ invertierbar und $|\xi - \xi'|$ genügend klein, so ist auch $A - \xi' \mathrm{Id}$ invertierbar.

Satz 23.4. *Sei X ein Banach-Raum und A ein stetiger linearer Operator auf X. Dann ist die Resolventen-Funktion*
$$R = R(A) \to L(X, X)$$
analytisch, d.h. wird lokal durch eine konvergente Potenzreihe mit Koeffizienten aus $L(X, X)$ gegeben.

Beweis: $\xi_0 \in R(A)$ sei fest gewählt. Sei

$$T_0 = A - \xi_0 \,\mathrm{Id}; \quad T = A - \xi \,\mathrm{Id}.$$

Wähle ξ so, daß

$$\|T_0 - T\| = |\xi - \xi_0| < \|T_0^{-1}\|^{-1}.$$

Nach dem letzten Lemma ist T bijektiv und

$$T^{-1} = T_0^{-1}\left[\sum_{n=0}^{\infty}\left(T_0^{-1}(T_0 - T)\right)^n\right]$$

$$= R_{\xi_0}\left[\sum_{n=0}^{\infty} R_{\xi_0}^n (\xi - \xi_0)^n\right]$$

$$= \sum_{n=0}^{\infty} R_{\xi_0}^{n+1}(\xi - \xi_0)^n, \quad \text{q.e.d.}$$

Satz 23.5. *Sei X ein komplexer Banach-Raum und A ein stetiger linearer Operator auf X. Dann ist das Spektrum $S(A)$ von A nicht-leer, kompakt und enthalten in der Kreisscheibe*

$$\{z \in \mathbb{C} \mid |z| \leq \|A\|\}.$$

Beweis: Das Spektrum ist abgeschlossen, denn sein Komplement, die Resolventen-Menge, ist offen.

Für $\xi \neq 0$ ist $T = -\xi \,\mathrm{Id}$ invertierbar. Sei $T_1 = A - \xi \,\mathrm{Id}$. Gilt $\|T - T_1\| = \|A\| < \|T^{-1}\|^{-1} = |\xi|$, so ist nach Lemma 23.2 der Operator $A - \xi \,\mathrm{Id}$ bijektiv, also $\xi \notin S(A)$. Also haben alle Spektralwerte von A einen Betrag $\leq \|A\|$. Damit ist zugleich die Kompaktheit des Spektrums bewiesen.

Die Annahme $S(A) = \emptyset$ führt wie folgt zum Widerspruch. Die Resolventenfunktion ist in der Kreisscheibe $|\xi| \leq 2\|A\|$ stetig, also beschränkt. Wegen

$$R_\xi = -\xi^{-1}\left(\mathrm{Id} - \frac{1}{\xi}A\right)^{-1} = -\sum_{n=0}^{\infty} A^n \xi^{-n-1}$$

erhält man aus $|\xi| \geq 2\|A\|$ die Abschätzung

$$\|R_\xi\| \leq \sum_{n=0}^{\infty} \|A\|^n |\xi|^{-n-1} = \frac{1}{|\xi| - \|A\|} \leq \frac{1}{\|A\|}.$$

Also ist R_ξ eine in ganz $\mathbb{C}$ erklärte, beschränkte analytische Funktion. Nach dem Satz von LIOUVILLE, der für Funktionen mit Werten in einem komplexen Banach-Raum genau so gilt wie für komplexwertige Funktionen, ist R_ξ eine Konstante. Widerspruch!

§ 24. Kompakte Operatoren I. Der Satz von F. Riesz

Definition 24.1. *Es seien X, Y Banach-Räume und $T: X \to Y$ eine lineare Abbildung. T heißt kompakt, wenn folgende gleichwertige Bedingungen erfüllt sind:*

(i) *Das Bild jeder beschränkten Menge unter T ist relativ-kompakt (bezüglich der Normtopologie).*

(ii) *Das Bild der offenen Einheitsvollkugel ist relativ-kompakt.*

(iii) *Ist $\{x_n\}$, $x_n \in X$ beschränkte Folge, so enthält $\{T x_n\}$ eine konvergente Teilfolge.*

Die Äquivalenz von (i) und (ii) ist klar. Die Äquivalenz dieser Eigenschaften mit (iii) folgt aus der Tatsache, daß ein metrischer Raum M genau dann kompakt ist, wenn jede Folge in M eine konvergente Teilfolge hat (Übungsaufgabe! vgl. Anhang I).

Natürlich ist jede kompakte lineare Abbildung beschränkt, also stetig.

Beispiele:

(1) Ist X oder Y endlich-dimensional, so ist jede lineare Abbildung $T: X \to Y$ kompakt.

(2) Ist $T: X \to Y$ linear und stetig und ist $T(X)$ endlich-dimensional, so ist T kompakt.

(3) Ist X unendlich-dimensional, so ist Id_X nicht kompakt, denn es gilt:

Lemma 24.2. $B_X = \{x \in X \mid \|x\| \leq 1\}$ *sei kompakt (bezüglich der Normtopologie natürlich). Dann ist X endlich-dimensional.*

Beweis: B_X ist enthalten in der Vereinigung endlich vieler offener Kugeln mit dem Radius $\tfrac{1}{2}$:

$$B_X \subset \bigcup_{i=1}^{n} U(a_i, \tfrac{1}{2}).$$

Sei V der endlich-dimensionale von $a_1, \ldots, a_n$ erzeugte Unterraum von X. Wir zeigen $V = X$:

Angenommen, es gibt ein $x \in X$, $x \notin V$. Es gilt $\alpha = \inf_{y \in V} \|x - y\| > 0$, denn V ist abgeschlossen. Also gibt es $y \in V$ mit $\alpha \leq \|x - y\| \leq \tfrac{3}{2}\alpha$. Sei $z = \|x - y\|^{-1}(x - y)$, also $\|z\| = 1$. Es gibt daher ein a_i mit $\|z - a_i\| < \tfrac{1}{2}$. Weiter gilt:

$$x = y + \|x - y\| z = y + \|x - y\| a_i + \|x - y\| (z - a_i)$$

und $y + \|x - y\| a_i \in V$. Also gilt $\|x - y\| \|z - a_i\| \geq \alpha$, also $\|x - y\| \geq 2\alpha$. Widerspruch!

104 Lineare Operatoren in Banach-Räumen

Es bezeichne $K(X, Y)$ die Menge der kompakten linearen Abbildungen von X in Y.

Lemma 24.3. (i) X, Y seien Banach-Räume. Dann ist $K(X, Y)$ abgeschlossener Unterraum von $L(X, Y)$.

(ii) X, Y, Z seien Banach-Räume. Dann gilt

$$L(Y, Z) \circ K(X, Y) \subset K(X, Z),$$
$$K(Y, Z) \circ L(X, Y) \subset K(X, Z).$$

(Dabei ist

$$L(Y, Z) \circ K(X, Y) = \{f \circ g : X \to Z \mid f \in L(Y, Z),\ g \in K(X, Y)\},$$

und $K(Y, Z) \circ L(X, Y)$ ist analog definiert.)

(iii) $K(X, X)$ ist abgeschlossenes Ideal in $L(X, X)$.

Beweis: (ii) folgt sofort aus der Definition, (iii) aus (i) und (ii).

(i) Es sei B_X die abgeschlossene Einheitsvollkugel von X. Ist T aus $K(X, Y)$, so natürlich auch λT, $\lambda \in \mathbb{K}$. Sind T, T' kompakt, so ist offenbar der Operator $(T \oplus T'): (X \times X) \to (Y \times Y)$; $(x, x') \mapsto (Tx, Tx')$ kompakt, denn das cartesische Produkt zweier relativ kompakter Mengen ist relativ kompakt. Nach (ii) ist

$$T + T': X \to X \times X \xrightarrow{T \oplus T'} Y \times Y \to Y$$
$$x \mapsto (x, x) \qquad (y, y') \to y + y'$$

kompakt, also $(T + T') \in K(X, Y)$.

Sei $T \in \overline{K(X, Y)}$. Zu zeigen ist: $T(B_X)$ ist präkompakt (vgl. 3.7 und 3.8).

Es gibt $S \in K(X, Y)$ mit $\|T - S\| < \varepsilon/3$. $S(B_X)$ wird von endlich vielen $\varepsilon/3$-Kugeln mit Mittelpunkten $Sx_1, \ldots, Sx_n$ überdeckt. Dann gilt: Für alle $y \in B_X$ gibt es ein i mit

$$\|Ty - Tx_i\| \leq \|Ty - Sy\| + \|Sy - Sx_i\| + \|Sx_i - Tx_i\|$$
$$< \frac{\varepsilon}{3} + \frac{\varepsilon}{3} + \frac{\varepsilon}{3}, \quad \text{q.e.d.}$$

Lemma 24.4. Sei X Banach-Raum, $A \subset X$ kompakt. Dann enthält jede Folge $\{f_n\}_{n=1,2,\ldots}$, $f_n \in B_{X'}$ eine auf A gleichmäßig konvergente Teilfolge.

Beweis: Sei $\widetilde{B}_{X'} = \{f|_A \mid f \in X', \|f\| \leq 1\}$, also $\widetilde{B}_{X'} \subset C(A, \mathbb{K})$. Nach dem Satz von ARZELA-ASZOLI (3.10) genügt es zu zeigen:

Kompakte Operatoren I. Der Satz von F. Riesz

$\widetilde{B}_{X'}$ ist beschränkt, $\widetilde{B}_{X'}$ ist gleichgradig stetig.

„Beschränktheit": Sei $\|x\| < c$ für alle $x \in A$. Es gilt

$$|f(x)| \leq \|f\| \|x\| \leq \|x\| < c,$$

also ist $f|_A$ durch c beschränkt bezüglich der sup-Norm.

„Gleichgradige Stetigkeit": Es seien x, ε gegeben. Dann gilt für alle $y \in U(x, \varepsilon) \cap A$ und alle f:

$$|f(x) - f(y)| \leq \|f\| \|x - y\| \leq 1 \|x - y\| < \varepsilon, \quad \text{q.e.d.}$$

Satz 24.5. *Es seien X, Y Banach-Räume und $T: X \to Y$ sei kompakt. Dann ist die transponierte Abbildung $T': Y' \to X'$ ebenfalls kompakt.*

Beweis: $\{f_n\}_{n=1,2,\ldots}$ sei eine Folge aus $B_{Y'}$. Zu zeigen ist: $\{T'f_n\}$ hat eine konvergente Teilfolge in X'.

Nach dem letzten Lemma gibt es eine Teilfolge $\{f_{n_k}\}_{k=1,2,\ldots}$, die auf $T(B_X)$ gleichmäßig konvergiert, also

$$\|f_{n_k}(y) - f_{n_l}(y)\| < \varepsilon \quad \text{für alle } \varepsilon > 0,\ y \in T(B_X) \text{ und genügend}$$
$$\text{große } n_k, n_l$$
$$\Rightarrow \|f_{n_k} T(x) - f_{n_l} T(x)\| < \varepsilon \quad \text{für alle } x \in B_X.$$
$$\Rightarrow \|T'f_{n_k} - T'f_{n_l}\| < \varepsilon.$$

Also ist $\{T'f_{n_k}\}$ Cauchy-Folge. Wegen der Vollständigkeit von X' sind wir fertig.

Satz 24.6 (F. RIESZ). *Sei X Banach-Raum und k kompakter Operator auf X. Dann hat der Operator $T = \text{Id} - k$ folgende Eigenschaften:*

(i) Kern T ist endlich-dimensional.

(ii) $T(X)$ ist abgeschlossen.

(iii) $X/T(X)$ ist endlich-dimensional.

Beweis: (i) Es gilt $\text{Id}|_{\text{Kern } T} = k|_{\text{Kern } T}$, also ist $\text{Id}|_{\text{Kern } T}$ kompakt, also Kern T endlich-dimensional (Lemma 24.2).

(ii) Sei $V = \text{Kern } T$ und W ein nach dem folgenden Lemma existierender komplementärer abgeschlossener Unterraum von X, d.h. $V \cap W = 0$, $V + W = X$. Dann ist

$$T|_W: W \to T(X)$$

bijektiv und stetig. Es genügt zu zeigen, daß

$$(T|_W)^{-1}: T(X) \to W$$

stetig ist (denn dann ist $T(X)$ vollständig, also abgeschlossen in X). Dies ist gleichbedeutend mit: Es gibt ein $\varepsilon > 0$ mit

$$\varepsilon < \|Tw\| \quad \text{für alle } w \in W, \ \|w\| = 1.$$

Angenommen, es gibt für alle $\varepsilon > 0$ ein $w \in W$ mit $\|w\| = 1$ und $\|Tw\| \leq \varepsilon$. Dann lassen wir ε die Folge $1/n$ durchlaufen und erhalten eine Folge $\{w_n\}_{n=1,2,\ldots}$ in W, so daß $\{Tw_n\}_{n=1,2,\ldots}$ gegen 0 konvergiert. Da k kompakt ist, besitzt $\{kw_n\}$ eine konvergente Teilfolge. O.B.d.A. nehmen wir an, daß $\{kw_n\}$ selbst konvergiert; der Grenzwert sei x. Dann ist auch $\{w_n\}$ konvergent gegen x. Da W abgeschlossen ist, gilt $x \in W$. Ferner gilt $\|x\| = 1$ und $x \in V$, da $Tx = 0$, und das ist ein Widerspruch, denn V und W sind komplementär.

(iii) Wie im folgenden Beweis von 25.4 gezeigt wird, gilt

$$(X/T(X))' \cong \operatorname{Kern} T' = \operatorname{Kern}(\operatorname{Id} - k').$$

Wir haben schon bewiesen, daß k' kompakt ist, also ist nach (i) $X/T(X)$ endlich-dimensional.

Lemma 24.7. *Sei X normierter Raum und S ein Unterraum endlicher Dimension. Dann ist S abgeschlossen, und es gibt einen komplementären abgeschlossenen Unterraum T.*

Beweis: Jeder endlich-dimensionale normierte Raum ist vollständig, also ist S abgeschlossen. $x_1, \ldots, x_n$ sei eine Basis von S, $e_1, \ldots, e_n$ die duale Basis von S', d.h. $e_i(x_j) = \delta_{ij}$. Nach dem Satz von HAHN-BANACH gibt es Fortsetzungen $f_1, \ldots, f_n \in X'$ von $e_1, \ldots, e_n$, d.h. $f_j|_S = e_j$. $P: X \to X$ werde definiert durch

$$Px = \sum_{i=1}^{n} f_i(x) x_i.$$

P ist stetig. Es gilt $P \circ P = P$ und $P|_S = \operatorname{Id}$. Es sei $T = \operatorname{Kern} P$. $S \cap T = \{0\}$ ist klar, und

$$x = (x - P(x)) + P(x)$$

ist die behauptete Zerlegung für jedes $x \in X$.

Dieses Lemma hat eine triviale „Umkehrung":

Lemma 24.8. *X sei normierter Raum, U abgeschlossener Unterraum endlicher Codimension (Codimension $U = \dim X/U$). Dann hat U einen komplementären abgeschlossenen Unterraum V.*

Beweis: $x_1, \ldots, x_n \in X$ seien Repräsentanten einer Basis in X/U. V sei der von $x_1, \ldots, x_n$ aufgespannte Unterraum. Offenbar sind U und V komplementär, und V ist abgeschlossen nach dem letzten Lemma.

§ 25. Fredholm-Operatoren

In diesem Paragraphen folgen wir weitgehend der Darstellung in R. S. PALAIS: Seminar on the Atiyah-Singer Index theorem.

Definition 25.1. *Es seien X, Y Banach-Räume und $T\colon X \to Y$ eine stetige lineare Abbildung. Wir nennen T Fredholm-Operator, wenn folgende Bedingungen erfüllt sind:*

(i) *Kern $(T) = T^{-1}(0)$ ist endlich-dimensional.*

(ii) *Bild $(T) = T(X)$ ist abgeschlossen.*

(iii) *$Y/T(X)$ ist endlich-dimensional, d.h. $T(X)$ hat endlich Codimension.*

Die ganze Zahl
$$\operatorname{ind} T = \dim T^{-1}(0) - \dim Y/T(X)$$
heißt Index von T.

Die Menge aller Fredholm-Operatoren von X in Y wird mit $F(X,Y)$ bezeichnet.

Satz 25.2. *Es seien X, Y Banach-Räume. Dann gilt*

(i) *$F(X, Y)$ ist offene Teilmenge von $L(X, Y)$.*

(ii) *Die Abbildung* $\operatorname{ind}\colon F(X, Y) \to \mathbb{Z}$ *ist stetig, also konstant auf den Zusammenhangs-Komponenten von $F(X, Y)$.*

Beweis: (i) Sei T ein Fredholm-Operator. Wir wählen nach 24.7 einen abgeschlossenen zu $T^{-1}(0)$ komplementären Unterraum V von X und einen abgeschlossenen zu $T(X)$ komplementären Unterraum W von Y; also ist insbesondere $\dim(W)$ endlich. Die Inklusionen definieren stetige Vektorraum-Isomorphismen

$$T^{-1}(0) \times V \to X$$
$$T(X) \times W \to Y.$$

Für $S \in L(X, Y)$ definieren wir
$$\tilde{S}\colon V \times W \to Y, \quad (v, w) \mapsto Sv + w.$$
$\tilde{S}$ ist stetig. Die Abbildung
$$L(X, Y) \to L(V \times W, Y), \quad S \mapsto \tilde{S}$$
ist stetig.

$\widetilde{T}$ ist bijektiv. Nach 23.2 bilden die bijektiven stetigen linearen Abbildungen eine offene Teilmenge von $L(V \times W, Y)$. Also gibt es eine Umgebung U von T in $L(X, Y)$, so daß für alle $S \in U$ der Operator $\widetilde{S}$ bijektiv ist. Für dieses S gilt:

1. $\widetilde{S}(V)$ ist abgeschlossen, denn V ist abgeschlossen und $\widetilde{S}^{-1}$ ist stetig nach dem Satz vom inversen Operator.

2. $\dim Y/S(V) < \infty$, denn $\widetilde{S}(V) = S(V)$ und $\dim Y/\widetilde{S}(V) = \dim W$.

S ist also ein Fredholm-Operator, denn man überlegt sich sofort, daß gilt:

3. Kern $S \cap V = 0$, also $\dim$ Kern $S \leq \dim$ Kern T.

4. Aus $S(X) \supset S(V)$ folgt $S(X)$ ist abgeschlossen, (denn sind U, $\widetilde{U}$ Untervektorräume des Banach-Raumes X, ist U abgeschlossen, $\dim X/U$ endlich und $\widetilde{U} \supset U$, so ist auch $\widetilde{U}$ abgeschlossen; vgl. auch das folgende Lemma 25.7).

5. $\dim Y/S(X)$ ist endlich, denn die Codimension von $S(V)$ ist schon endlich.

Die Menge der Fredholm-Operatoren ist also offen. Wir haben mitbewiesen

$$F(X, Y) \to \mathbb{Z}\,; \quad T \mapsto \dim \text{Kern}\, T$$

ist von oben halbstetig, d.h. für alle S aus einer geeigneten Umgebung von T ist $\dim (\text{Kern}\, S) \leq \dim (\text{Kern}\, T)$. Wegen $T(V) = T(X)$ ist

$$F(X, Y) \to \mathbb{Z}\,; \quad T \mapsto \dim \text{Cokern}\, T$$

ebenfalls von oben halbstetig.

(ii) Wegen Kern $(S) \cap V = 0$ existiert ein endlich-dimensionaler Unterraum Z mit $X \cong$ Kern $S \times Z \times V$. Es folgt

$$\dim \text{Kern}\, S = \dim \text{Kern}\, T - \dim Z.$$

Ferner gilt
$$\dim Y/S(V) = \dim W = \dim Y/T(X).$$

Wegen $S(X) = S(Z \times V)$ folgt aus dieser Gleichung:

$$\dim Y/S(X) = \dim Y/T(X) - \dim S(X)/S(V).$$

Um zu zeigen, daß $\text{ind}|_U$ konstant ist, bleibt also nachzuweisen, daß

$$\dim S(X)/S(V) = \dim Z,$$

und das ist klar.

Korollar 25.3. *Es sei* $k: X \to X$ *kompakter Operator. Dann hat der Fredholm-Operator* $\mathrm{Id} - k$ *Index* 0.

Beweis: $t \mapsto \mathrm{Id} - tk$ ist stetig; $\mathrm{ind}(\mathrm{Id}) = 0$.

Satz 25.4. *Es seien* X, Y *Banach-Räume und* $T: X \to Y$ *ein Fredholm-Operator. Dann ist* $T': Y' \to X'$ *ein Fredholm-Operator mit* $\mathrm{ind}(T') = -\mathrm{ind}(T)$. *Es bestehen kanonische Isomorphismen*

$$\mathrm{Kern}(T') \cong (\mathrm{Cokern}\, T)'$$
$$\mathrm{Cokern}(T') \cong (\mathrm{Kern}\, T)'.$$

Beweis: Offenbar genügt es, die beiden Isomorphismen zu beweisen. Es ist
$$\mathrm{Kern}(T') = \{f \in Y' \mid fT = 0\}.$$

Da $T(X)$ abgeschlossen ist, ist der endlich-dimensionale normierte Raum $\mathrm{Cokern}(T) = Y/T(X)$ definiert. Für $f \in \mathrm{Kern}(T')$ ist $f(T(X)) = 0$, also induziert f eine Abbildung $\overline{f}: Y/T(X) \to \mathbb{K}$. Man hat also eine – offensichtlich injektive – Abbildung

$$\mathrm{Kern}(T') \to \mathrm{Cokern}(T)', \quad f \mapsto \overline{f}.$$

Diese ist auch surjektiv, wie man unter Verwendung von 24.8 sofort sieht.

Man hat ferner eine kanonische Abbildung

$$X' \to \mathrm{Kern}(T)', \quad f \mapsto f|_{\mathrm{Kern}(T)},$$

die nach dem Satz von HAHN-BANACH surjektiv ist.

Ist $f \in T'(Y')$, also $f = gT$, so gilt $f|_{\mathrm{Kern}(T)} = 0$. Wir erhalten also eine kanonische Surjektion

$$X'/T'(Y') \to \mathrm{Kern}(T)'.$$

Es sei jetzt $f|_{\mathrm{Kern}(T)} = 0$. Nach dem Prinzip der offenen Abbildung induziert T einen linearen Homöomorphismus $X/\mathrm{Kern}(T) \cong T(X)$. Es existiert also eine stetige lineare Abbildung $g: T(X) \to \mathbb{K}$ mit $f = gT$. Wir setzen g irgendwie zu einer stetigen linearen Abbildung $g_1: Y \to \mathbb{K}$ fort, haben $f = g_1 T$ und damit auch die Injektivität bewiesen.

Wir betrachten folgende Situation:

X Banach-Raum, $T: X \to X$ Fredholm-Operator, $\mathrm{ind}\, T = 0$ und wollen die Lösbarkeit folgender Gleichung untersuchen

$$Tx = y.$$

110 Lineare Operatoren in Banach-Räumen

Es gilt die *Fredholm-Alternative:*

Entweder ist die Gleichung für alle y lösbar, d.h. T ist surjektiv, also ist wegen ind $T = 0$ der Operator T auch injektiv, d.h. die Lösung ist eindeutig bestimmt.

Oder es gilt nicht, daß die Gleichung für alle y lösbar ist. Ist dann die Gleichung für y_0 lösbar, so bilden die Lösungen einen endlich-dimensionalen affinen Unterraum.

Ist $k: X \to X$ *kompakt* und $\lambda \neq 0$, so erfüllt der Fredholm-Operator $\lambda \,\mathrm{Id} - k$ die Voraussetzungen der Fredholm-Alternative. Also:

Korollar 25.5. *Jeder von 0 verschiedene Spektralwert von k ist Eigenwert.*

Ist X Hilbert-Raum, so untersuchen wir die Verhältnisse noch etwas genauer.

Lemma 25.6. *Sei X Hilbert-Raum, $T: X \to X$ linear und stetig und $T(X)$ abgeschlossen. Dann gilt*

$$y \in T(X) \Leftrightarrow y \perp \operatorname{Kern} T^*.$$

Beweis: $y \perp T(X) \Leftrightarrow \langle y, Tx \rangle = 0$ für alle $x \in X \Leftrightarrow \langle T^*y, x \rangle = 0$ für alle x. Also ist $T(X)^\perp = \operatorname{Kern} T^*$, d.h. $T(X) = (\operatorname{Kern} T^*)^\perp$, q.e.d.

Im Fall eines Hilbert-Raumes ist $Tx = y$ also genau dann lösbar, wenn $y \perp \operatorname{Kern} T^*$.

Um weitere Eigenschaften der Fredholm-Operatoren herzuleiten, beweisen wir zunächst, daß man bei der Definition der Fredholm-Operatoren die Forderung $T(X)$ abgeschlossen weglassen kann.

Lemma 25.7. *Es seien X, Y Banach-Räume, $T: X \to Y$ eine stetige lineare Abbildung, und $Y/T(X)$ sei endlich-dimensional. Dann ist $T(X)$ abgeschlossen in Y.*

Beweis: Kern(T) ist abgeschlossen, $X/\operatorname{Kern}(T)$ ist also in kanonischer Weise Banach-Raum, und T induziert eine stetige lineare Abbildung $\widetilde{T}: X/\operatorname{Kern}(T) \to Y$. Wegen Bild$(\widetilde{T}) = T(X)$ können wir von vornherein annehmen, daß T injektiv ist.

Dann wählen wir $y_1, \ldots, y_n \in Y$, so daß die Bilder von $y_1, \ldots, y_n$ in $Y/T(X)$ eine Basis von $Y/T(X)$ bilden. $\mathbb{K}^n \times X$ ist Banach-Raum, und die Abbildung

$$\widetilde{T}: \mathbb{K}^n \times X \to Y; \quad ((\lambda_1, \ldots, \lambda_n), x) \mapsto Tx + \sum_{i=1}^{n} \lambda_i y_i$$

Fredholm-Operatoren 111

ist bijektiv und stetig. Also ist $\widetilde{T}^{-1}$ stetig. Deshalb ist $T(X) = \widetilde{T}(X)$ abgeschlossen.

Korollar 25.8. *Es seien X, Y, Z Banach-Räume und $T: X \to Y$, $F: Y \to Z$ Fredholm-Operatoren. Dann ist auch $F \circ T$ Fredholm-Operator.*

Beweis: Es ist klar, daß $\operatorname{Kern}(F \circ T)$ und $\operatorname{Cokern}(F \circ T)$ endlich-dimensional sind. Nach dem letzten Lemma genügt es, das zu zeigen.

Satz 25.9. *Sind wie eben $T: X \to Y$, $F: Y \to Z$ Fredholm-Operatoren, so gilt $\operatorname{ind}(F \circ T) = \operatorname{ind}(F) + \operatorname{ind}(T)$.*

Beweis: Man überlegt sich leicht, daß folgende vier Sequenzen exakt sind:

$$0 \to T^{-1}(0) \to T^{-1}F^{-1}(0) \xrightarrow{T} T(X) \cap F^{-1}(0) \to 0$$
$$0 \to F(Y)/FT(X) \to Z/FT(X) \to Z/F(Y) \to 0$$
$$0 \to (T(X) + F^{-1}(0))/T(X) \to Y/T(X) \xrightarrow{F} F(Y)/FT(X) \to 0$$
$$0 \to F^{-1}(0) \cap T(X) \to F^{-1}(0) \to (T(X) + F^{-1}(0))/T(X) \to 0.$$

Alle in diesen Sequenzen vorkommenden Vektorräume sind endlich-dimensional.

Hat man eine exakte Sequenz endlich-dimensionaler Vektorräume
$$0 \to A \to B \to C \to 0,$$
so gilt bekanntlich
$$\dim B = \dim A + \dim C.$$

Gibt man den Dimensionen der Vektorräume obiger Sequenzen die Vorzeichen

$$\begin{array}{ccc} + & - & + \\ - & + & - \\ + & - & + \\ - & + & -, \end{array}$$

so ist ihre Summe 0, und es folgt
$$\operatorname{ind}(F \circ T) = \operatorname{ind} F + \operatorname{ind} T.$$

Satz 25.10. *Es seien X, Y Banach-Räume. Dann ist $T: X \to Y$ genau dann Fredholm-Operator, wenn es $S_1, S_2 \in L(Y, X)$ gibt mit $S_1 T - \operatorname{Id}$, $T S_2 - \operatorname{Id}$ sind kompakt.*

Beweis: Ist $S_1 T - \operatorname{Id}$ kompakter Operator, so ist $\operatorname{Kern}(S_1 T)$ endlich-dimensional, also $\operatorname{Kern}(T)$ endlich-dimensional wegen $\operatorname{Kern} T \subset \operatorname{Kern} S_1 T$.

Ist $TS_2 - \mathrm{Id}$ kompakter Operator, so ist $\mathrm{Bild}(TS_2)$ endlich-codimensional, also $\mathrm{Bild}(T)$ endlich-codimensional, denn $\mathrm{Bild}\,T \supset \mathrm{Bild}\,TS_2$. Nach Lemma 25.7 folgt, daß T ein Fredholm-Operator ist.

Ist T Fredholm-Operator, so sei V komplementär zu $\mathrm{Kern}\,T$ in X und W komplementär zu $T(X)$ in Y:

$$X \cong \mathrm{Kern}(T) \times V; \quad Y \cong T(X) \times W.$$

$T|_V: V \to T(X)$ ist bijektiv. Sei $S: Y \to X$ definiert durch $S|_{T(X)} = (T|_V)^{-1}$ (stetig nach dem Satz vom inversen Operator), $S|_W = 0$. Dann ist $\mathrm{Id} - ST$ Projektion auf $\mathrm{Kern}\,T$, also kompakt, und $\mathrm{Id} - TS$ Projektion auf W, also kompakt. Man kann also sogar $S_1 = S_2$ wählen.

Korollar 25.11. *Sei $T: X \to Y$ Fredholm-Operator und $k: X \to Y$ kompakt. Dann ist $T + k$ Fredholm-Operator.*

Beweis: Zu T gibt es ein S mit den im letzten Satz genannten Eigenschaften. S leistet auch für $T + k$ das Gewünschte:

$$S(T + k) - \mathrm{Id} = ST - \mathrm{Id} + Sk \quad \text{ist kompakt},$$
$$(T + k)S - \mathrm{Id} = TS - \mathrm{Id} + kS \quad \text{ist kompakt}.$$

§ 26. Kompakte Operatoren II

In diesem Paragraphen folgen wir im wesentlichen der Darstellung in DIEUDONNÉ: Foundations of Modern Analysis.

Lemma 26.1. *Sei X Banach-Raum, $u: X \to X$ stetige lineare Abbildung und $v = \mathrm{Id} - u$. Es seien M, L abgeschlossene Unterräume von X mit $M \subset L$, $M \neq L$ und $v(L) \subset M$. Dann gibt es ein Element $a \in L - M$ mit $\|a\| = 1$ und $\|u(x) - u(a)\| \geq \tfrac{1}{2}$ für alle $x \in M$.*

Beweis: Wähle $b \in L$ mit $b \notin M$, also $d(b, M) = \alpha > 0$. Es gibt also ein $y \in M$ mit $d(b, y) = \|b - y\| \leq 2\alpha$. Sei $a = \dfrac{1}{\|b - y\|}(b - y)$. Dann gilt für alle $z \in M$

$$\|z - a\| = \frac{1}{\|b - y\|} \|z(\|b - y\|) + y - b\| \geq \frac{1}{2}.$$

Also gilt für alle $x \in M$

$$\|u(x) - u(a)\| = \|x - v(x) + v(a) - a\| \geq \tfrac{1}{2}.$$

Lemma 26.2. *Sei X Banach-Raum, $k: X \to X$ kompakt, $v = \mathrm{Id} - k$. Sei*

$$N_m = \mathrm{Kern}\,v^m, \quad F_m = v^m(X), \quad m = 1, 2, \ldots$$

Dann gilt:

(i) *Alle N_m haben endliche Dimension und $N_1 \subset N_2 \subset \ldots$*
Alle F_m haben endliche Codimension und $F_1 \supset F_2 \supset \ldots$

(ii) *Es gibt eine kleinste Zahl $n \in \mathbf{N}$, so daß $N_{m+1} = N_m$ für $m \geq n$. Es gilt $F_{m+1} = F_m$ für $m \geq n$. Ferner sind F_n und N_n komplementäre Unterräume von X, und $v|_{F_n}: F_n \to v(F_n)$ ist ein linearer in beiden Richtungen stetiger Isomorphismus.*

Beweis: (i) Die kompakten Operatoren bilden ein Ideal in $L(X, X)$, also gibt es einen kompakten Operator k_m mit $v^m = (\mathrm{Id} - k)^m = \mathrm{Id} - k_m$. Der Satz von F. RIESZ (24.6) liefert die Behauptung.

(ii) Angenommen, die Folge $\{N_m\}_{m=1,2,\ldots}$ wird nicht konstant, d.h. $N_m \subset N_{m+1}$, $N_m \neq N_{m+1}$. Wegen $v(N_{m+1}) \subset N_m$ können wir das letzte Lemma anwenden:

Es gibt für alle m ein $x_{m+1} \in N_{m+1} - N_m$ mit $\|x_{m+1}\| = 1$, so daß für $y \in N_m$ gilt $\|k(y) - k(x_{m+1})\| \geq \frac{1}{2}$. Die Folge $\{k(x_m)\}$ enthält also keine konvergente Teilfolge. Dies ist ein Widerspruch zur Kompaktheit von k. Sei $n = n(k)$ die kleinste Zahl mit $N_m = N_{n(k)}$ für alle $m \geq n(k)$. Wegen ind $v^m = 0$ gilt codim $F_m = \dim N_m$, also wird die Folge $\{F_m\}$ ebenfalls genau bei $n(k)$ konstant.

Sei $N = N_n$, $F = F_n$ und $x \in N \cap F$. Dann gilt $v^n(x) = 0$, und es gibt $y \in X$ mit $x = v^n(y)$, d.h. $v^{2n}(y) = 0$, also $x = v^n(y) = 0$, also $F \cap N = 0$. Um $N + F = X$ zu zeigen, wählen wir $x \in X$. Es ist $v^n x \in F$. Wegen $v^r(F) = v^{n+r}(X) = v^n(X) = F$ gibt es ein $y \in F$ mit $v^n x = v^n y$. Dann ist $x = (x - y) + y$, $(x - y) \in N$, $y \in F$ die gesuchte Zerlegung. Daß $v|_F$ bijektiv ist, ist nach dem Gesagten klar.

Wir brauchen einen Hilfssatz aus der linearen Algebra:

V sei endlich-dimensionaler Vektorraum über $\mathbf{C}$, $v: V \to V$ ein Endomorphismus mit $v^n = 0$. Dann gibt es eine Basis von V, bezüglich deren v durch eine Matrix folgender Gestalt gegeben wird

$$\begin{pmatrix} A_1 & & & 0 \\ & A_2 & & \\ & & \ddots & \\ 0 & & & A_m \end{pmatrix}$$

wobei die Matrizen A_i von der Form (0), $\begin{pmatrix} 01 \\ 00 \end{pmatrix}$, $\begin{pmatrix} 010 \\ 001 \\ 000 \end{pmatrix}, \ldots$ sind.

In dem folgenden Satz sind die wichtigsten Eigenschaften des Spektrums eines kompakten Operators zusammengefaßt:

Satz 26.3. *Sei X komplexer Banach-Raum und $k\colon X\to X$ ein kompakter Operator. Es sei $S(k)$ das Spektrum von k. Dann gilt:*

(i) *$S(k)$ ist kompakte Teilmenge von $\mathbb{C}$; $S(k)$ endlich oder abzählbar. $S(k)$ besitzt keinen Häufungspunkt außer eventuell 0. Ist $\dim X = \infty$, so ist $0 \in S(k)$.*

(ii) *Ist $\lambda \in S(k) - \{0\}$, so ist λ Eigenwert.*

(iii) *Zu jedem $\lambda \in S(k) - \{0\}$ existiert genau ein Paar $(F(\lambda), N(\lambda))$ komplementärer abgeschlossener Unterräume von X, so daß gilt:*

a) *$N(\lambda)$ ist endlich-dimensional.*

b) *$k(N(\lambda)) \subset N(\lambda)$, und es existiert eine kleinste Zahl $n(\lambda)$ mit*
$$((k-\lambda\,\mathrm{Id})|_{N(\lambda)})^{n(\lambda)} = 0.$$

c) *$k(F(\lambda)) \subset F(\lambda)$ und $(k-\lambda\,\mathrm{Id})|_{F(\lambda)}\colon F(\lambda) \to F(\lambda)$ ist ein linearer, in beiden Richtungen stetiger Isomorphismus.*

(iv) *Ist $\mathfrak{E}(\lambda) = \mathrm{Kern}(k-\lambda\,\mathrm{Id})$ der Eigenraum zum Eigenwert λ, so ist $\mathfrak{E}(\lambda) \subset N(\lambda)$, insbesondere ist also $\mathfrak{E}(\lambda)$ endlich-dimensional.*

(v) *Sind $\lambda, \mu \in S(k) - \{0\}$, $\lambda \neq \mu$, so gilt $N(\lambda) \subset F(\mu)$.*

Beweis: (ii) Das wurde schon in 25.5 bewiesen.

(iii) Im letzten Lemma haben wir die Existenz von Unterräumen $N(\lambda), F(\lambda)$ mit den genannten Eigenschaften bewiesen. Es bleibt die Eindeutigkeit zu zeigen: Haben die Räume N', F' auch diese Eigenschaften, so gilt nach b) und nach Definition von $N(\lambda)$, daß $N' \subset N(\lambda)$. Jedes $y' \in F'$ hat eine eindeutige Zerlegung $y' = x + y$, $x \in N(\lambda)$, $y \in F(\lambda)$. Es gilt also
$$(k-\lambda\,\mathrm{Id})^{n(\lambda)}(y') = (k-\lambda\,\mathrm{Id})^{n(\lambda)}y,$$
also
$$(k-\lambda\,\mathrm{Id})^{n(\lambda)}(F') \subset F(\lambda).$$

Wegen $(k-\lambda Id)(F') = F'$ folgt $F' \subset F(\lambda)$. Da N', F' komplementär sind, folgt $N' = N$, $F' = F$.

(iv) Die Behauptung ist klar nach Konstruktion von $N(\lambda)$ im letzten Lemma.

(i) Es sei λ ein von 0 verschiedener Spektralwert. Es gibt für $\lambda \neq 0$ eine Umgebung U von λ in $\mathbb{C}$, so daß für alle $\mu \in U$

Kompakte Operatoren II

$$(k - \mu \operatorname{Id})|_{F(\lambda)} = (k - \lambda \operatorname{Id})|_{F(\lambda)} + (\lambda - \mu) \operatorname{Id}|_{F(\lambda)}$$

invertierbar ist. Die Abbildung $(k - \lambda \operatorname{Id})|_{N(\lambda)}$ schreiben wir in der oben angegebenen Normalform. Für $\mu \in U - \{\lambda\}$ ist

$$(k - \mu \operatorname{Id})|_{N(\lambda)} = (\lambda - \mu) \operatorname{Id}|_{N(\lambda)} + (k - \lambda \operatorname{Id})|_{N(\lambda)}$$

bijektiv, denn die Determinante dieser Abbildung ist offenbar $(\lambda - \mu)^{\dim N(\lambda)}$.

Also ist $(k - \mu \operatorname{Id})$ selbst bijektiv, also kann das Spektrum höchstens abzählbar viele Punkte enthalten, denn eine Teilmenge von $\mathbb{C}$, die höchstens einen Häufungspunkt hat, ist abzählbar.

Ist X unendlich-dimensional, so kann k nicht bijektiv sein, also $0 \in S(k)$.

(v) Wir haben gerade gezeigt, daß für $\mu \neq \lambda$

$$(k - \mu \operatorname{Id})^l N(\lambda) = N(\lambda) \quad \text{für} \quad l = 1, 2, \ldots$$

Derselbe Schluß wie in (iii) liefert die Behauptung:

$$x \in N(\lambda), \quad x = y + z, \quad y \in N(\mu), \quad z \in F(\mu)$$
$$\Rightarrow (k - \mu \operatorname{Id})^{n(\mu)} x = (k - \mu \operatorname{Id})^{n(\mu)} z$$
$$\Rightarrow (k - \mu \operatorname{Id})^{n(\mu)}(N(\lambda)) \subset F(\mu)$$
$$\Rightarrow N(\lambda) \subset F(\mu).$$

Damit ist der Beweis des Satzes vollständig.

Wir bemerken noch, daß man dim $N(\lambda)$ die *algebraische Vielfachheit des Eigenwertes* λ, dim $\mathfrak{E}(\lambda)$ *die geometrische Vielfachheit* von λ nennt. Beide sind gleich genau dann, wenn $n(\lambda) = 1$.

Wir beenden die Theorie der kompakten Operatoren durch einige Bemerkungen über kompakte hermitesche Operatoren in einem Hilbert-Raum X.

Dazu benötigen wir ein Lemma:

Lemma 26.4. *Sei k kompakter hermitescher Operator auf dem Hilbert-Raum X. Dann ist wenigstens eine der beiden Zahlen $\pm \|k\|$ Eigenwert von k.*

Beweis: Da k hermitesch ist, gibt es nach 22.8 eine Folge $\{x_n\}$ mit $\|x_n\| = 1$ und

$$\lim |\langle k x_n, x_n \rangle| = \|k\|.$$

Nach eventueller Auswahl einer Teilfolge können wir annehmen, daß

$\mu = \lim \langle k x_n, x_n \rangle$ existiert, also $|\mu| = \|k\|$. Da k kompakt ist, können wir weiter annehmen, daß $\{k x_n\}$ konvergiert. Nun gilt

$$0 \leq \|k x_n - \mu x_n\|^2 = \|k x_n\|^2 - 2\mu \langle k x_n, x_n \rangle + \mu^2$$
$$\leq 2\mu^2 - 2\mu \langle k x_n, x_n \rangle,$$

also konvergiert $\{k x_n - \mu x_n\}$ gegen 0. Da $\{k x_n\}$ konvergent ist, ist auch $\{\mu x_n\}$ konvergent. Sei $x = \lim x_n$. Dann gilt

$$k x = \mu x, \quad x \neq 0, \quad \text{q.e.d.}$$

Satz 26.5. *Sei k kompakter hermitescher Operator auf dem Hilbert-Raum X. Dann sind alle Eigenräume von k paarweise orthogonal, und X ist isomorph zur Hilbert-Summe aller Eigenräume von k. Alle Spektralwerte von k sind reell.*

Beweis: Sei $\mu \neq 0$ Spektralwert, also Eigenwert. Aus $k x = \mu x$ folgt

$$\bar{\mu} \langle x, x \rangle = \langle x, \mu x \rangle = \langle x, k x \rangle = \langle k x, x \rangle = \mu \langle x, x \rangle,$$

also μ reell, falls $x \neq 0$. Also sind alle Spektralwerte reell.

Sind λ, μ von 0 verschiedene Eigenwerte, $\lambda \neq \mu$, und sind $\mathfrak{E}_\lambda$, $\mathfrak{E}_\mu$ die zugehörigen Eigenräume, so gilt nach 26.3 (v)

$$\mathfrak{E}_\lambda \subset F(\mu) \subset (k - \mu \operatorname{Id})(X).$$

Es genügt also zu zeigen:

$$(k - \mu \operatorname{Id})(X) \perp \mathfrak{E}_\mu.$$

Für $y \in \mathfrak{E}_\mu$ und $x \in X$ gilt aber

$$\langle y, (k - \mu \operatorname{Id}) x \rangle = \langle (k - \mu \operatorname{Id}) y, x \rangle = \langle 0, x \rangle = 0.$$

Sei nun V der von allen $\mathfrak{E}_\lambda$, $\lambda \neq 0$ aufgespannte abgeschlossene Unterraum des Hilbert-Raumes X. Dann bleibt zu zeigen $V^\perp = \operatorname{Kern}(k)$. Nun bildet k jeden Eigenraum in sich ab, also bildet k den Raum V in sich ab. Für $x \in V^\perp$, $v \in V$ gilt

$$\langle k x, v \rangle = \langle x, k v \rangle = 0.$$

Also bildet k auch $V^\perp$ in sich ab. Dann ist aber $k|_{V^\perp}$ ein kompakter hermitescher Operator, der keinen von 0 verschiedenen Spektralwert hat. Nach dem letzten Lemma ist $k|_{V^\perp} = 0$, q.e.d.

Wir werden später noch zeigen, daß ein beliebiger hermitescher Operator nur reelle Spektralwerte hat.

§ 27. Integralgleichungen

Wir wollen jetzt zeigen, daß man die Theorie der kompakten Operatoren anwenden kann, um Aussagen über die Lösungen der Integralgleichung

$$\lambda f(x) = \int_a^b K(x, y) f(y) \, dy \qquad (*)$$

zu erhalten. (Historisch war die Untersuchung dieser Integralgleichung einer der hauptsächlichen Anstöße zur Entwicklung der Funktionalanalysis.)

Sei $I = \langle a, b \rangle$ ein abgeschlossenes Intervall. Der Bequemlichkeit halber wählen wir als Maß die Volumenfunktion. Zunächst ordnen wir jeder Funktion $K \in L^2_{\mathbb{C}}(I \times I)$ einen *kompakten Operator* $k: L^2_{\mathbb{C}}(I) \to L^2_{\mathbb{C}}(I)$ zu, und zwar definieren wir

$$(kf)(x) = \int_a^b K(x, y) f(y) \, dy.$$

Es ist einiges zu zeigen:

1. Da

$$\int_{I \times I} |K(x, y)|^2 \, dx \, dy$$

existiert, folgt nach dem Satz von FUBINI (10.10.1), daß für fast alle x (d.h. alle x außerhalb einer Nullmenge) die Funktion

$$I \to \mathbb{C}, \quad y \mapsto K(x, y)$$

quadrat-integrierbar ist (d.h. in L^2 liegt). Für $f \in L^2_{\mathbb{C}}(I)$ existiert nach der Hölderschen Ungleichung das Integral

$$\int_a^b K(x, y) f(y) \, dy$$

also für fast alle x.

2. Wir haben zu zeigen

$$x \mapsto \int_a^b K(x, y) f(y) \, dy$$

ist quadrat-integrierbar. Man sieht leicht (z.B. mittels des Satzes von TONELLI, 10.10.2), daß $I \times I \to \mathbb{C}$; $(x, y) \mapsto |f(y)|^2$ summierbar ist. Also ist

$$I \times I \to \mathbb{C}; \quad (x, y) \mapsto K(x, y) f(y)$$

summierbar, insbesondere also meßbar. Nach der Cauchy-Schwarzschen Ungleichung gilt

(**) $$\left|\int_a^b K(x,y)f(y)\,dy\right|^2 \leq \left(\int_a^b |K(x,y)|^2\,dy\right)\left(\int_a^b |f(y)|^2\,dy\right).$$

Nach dem Satz von FUBINI ist
$$x \mapsto \int_a^b |K(x,y)|^2\,dy$$
summierbar, d.h., wir haben
$$x \mapsto \left|\int_a^b K(x,y)f(y)\,dy\right|^2$$
nach oben durch eine summierbare Funktion abgeschätzt. Nach 10.6.2 folgt die Behauptung.

3. Um zu zeigen, daß k stetig ist, integrieren wir die Ungleichung (**)
$$\|kf\|^2 = \int_a^b |k(f)(x)|^2\,dx \leq \|K\|^2 \|f\|^2,$$
also $\|k\| \leq \|K\|$.

4. Schließlich zeigen wir, daß k kompakt ist. Sei $K(x,y)$ zunächst das Produkt zweier charakteristischer Funktionen g, h von Teilintervallen von I, d.h. $K(x,y) = g(x) \cdot h(y)$. Dann gilt
$$(kf)(x) = \int_a^b g(x)h(y)f(y)\,dy = g(x)\int_a^b h(y)f(y)\,dy,$$
also
$$k(f) = \langle f, h\rangle g.$$

Das Bild von k ist also höchstens eindimensional, also ist k kompakt. Es folgt sofort, daß für jede Treppenfunktion K der Operator k endlichdimensionales Bild hat, also kompakt ist. Da die Treppenfunktionen dicht in $L^2(I \times I)$ liegen, die Abbildung
$$L^2(I \times I) \to L(L^2(I), L^2(I)); \quad K \mapsto k$$
nach 3. stetig ist und die Menge der kompakten Operatoren abgeschlossen ist, folgt, daß k für beliebiges K kompakt ist. Also

Satz 27.1. *Sei $I = \langle a, b\rangle$ abgeschlossenes beschränktes Intervall. Dann definiert jedes $K \in L^2_{\mathbb{C}}(I \times I)$ durch*
$$(kf)(x) = \int_I K(x,y)f(y)\,dy$$
einen kompakten Operator k auf $L^2_{\mathbb{C}}(I)$.

Integralgleichungen 119

Korollar 27.2. *Die Integralgleichung*

$$\lambda f(x) = \int_a^b K(x, y) f(y) \, dy$$

hat für jedes $\lambda \neq 0$ höchstens endlich viele linear-unabhängige Lösungen.

Lemma 27.3. *Definiert die Funktion $K(x, y)$ den Operator k, so definiert die Funktion $\overline{K(y, x)}$ den adjungierten Operator k^*.*

Beweis: Sind $f, g \in L^2_{\mathbb{C}}(I)$, so ist wegen

$$\int_a^b \int_a^b |f(y)|^2 |g(x)|^2 \, dy \, dx = \int_a^b |f(y)|^2 \, dy \int_a^b |g(x)|^2 \, dx$$

die Funktion $(x, y) \mapsto f(y) \overline{g(x)}$ Element von $L^2_{\mathbb{C}}(I \times I)$. Also ist $K(x, y) f(y) \overline{g(x)}$ summierbar. Auf diese Funktion wenden wir den Satz von FUBINI an:

$$\langle kf, g \rangle = \int_a^b \left(\int_a^b K(x, y) f(y) \, dy \right) \overline{g(x)} \, dx$$

$$= \int_a^b \int_a^b K(y, x) f(x) \overline{g(y)} \, dy \, dx$$

$$= \int_a^b f(x) \left(\int_a^b K(y, x) \overline{g(y)} \, dy \right) dx$$

$$= \langle f, k^* g \rangle.$$

Also ist

$$k^*(g) = \int_a^b \overline{K(y, x)} \, g(y) \, dy, \quad \text{q.e.d.}$$

Ist also $K(x, y) = \overline{K(y, x)}$, so ist der Operator k hermitesch.

Wir betrachten jetzt die Integral-Gleichung mit „symmetrischem Kern", die durch $I = \langle a, b \rangle$, $K \in L^2_{\mathbb{C}}(I \times I)$, $K(x, y) = \overline{K(y, x)}$ gegeben ist. Es sei k der zugehörige kompakte hermitesche Operator. Es seien $\lambda_1, \lambda_2, \ldots$ die von 0 verschiedenen Eigenwerte von k; jeder erscheine in dieser Folge so oft, wie seine (geometrische) Vielfachheit angibt, und es gelte $|\lambda_n| \geq |\lambda_{n+1}| > 0$. Wir haben gesehen, daß die zugehörigen Eigenräume endlich-dimensional und paarweise orthogonal sind. Wir können also ein Orthonormalsystem $\varphi_1, \varphi_2, \ldots$ von zu $\lambda_1, \lambda_2, \ldots$ gehörigen Eigenfunktionen finden. Wie wir gesehen haben, bilden die φ_j eine orthonormale Hilbert-Basis des orthogonalen Komplementes des Eigenraums zu 0 (siehe 26.5). Also gilt in $L^2_{\mathbb{C}}(I)$:

120 Lineare Operatoren in Banach-Räumen

$$\langle K(\ ,x),\varphi_j\rangle = \int_a^b K(y,x)\overline{\varphi_j(y)}\,dy = \int_a^b \overline{K(x,y)\,\varphi_j(y)}\,dy$$

$$= \overline{\int_a^b K(x,y)\,\varphi_j(y)\,dy} = \overline{(k(\varphi_j))(x)} = \overline{\lambda_j\,\varphi_j(x)} = \lambda_j\,\overline{\varphi_j(x)}$$

Für $f \in \mathrm{Kern}(k)$ gilt für fast alle x:

$$0 = (kf)(x) = \overline{\langle K(\ ,x),f\rangle}.$$

Die Fourier-Entwicklung (21.9) der Funktion $K(\ ,x)\colon y \mapsto K(y,x)$ ist also

$$\sum_{j=1}^{\infty} \lambda_j\,\overline{\varphi_j(x)}\,\varphi_j,$$

also

$$\lim_{N\to\infty}\int_a^b \left| K(y,x) - \sum_{j=1}^{N} \lambda_j\,\overline{\varphi_j(x)}\,\varphi_j(y)\right|^2 dy = 0.$$

Nach dem Satz von BEPPO-LEVI gilt dann

$$\lim_{N\to\infty}\int_a^b \left(\int_a^b \left| K(y,x) - \sum_{j=1}^{N} \lambda_j\,\overline{\varphi_j(x)}\,\varphi_j(y)\right|^2 dy\right) dx = 0,$$

denn die inneren Integrale bilden eine monoton fallende, gegen 0 konvergente Folge von Funktionen. Also gilt in $L^2_{\mathbb{C}}(I\times I)$

$$K(x,y) = \sum_{j=1}^{\infty} \lambda_j\,\varphi_j(x)\,\overline{\varphi_j(y)},$$

womit wir eine Darstellung von $K(x,y)$ mittels der Eigenfunktionen des zugehörigen Operators k gefunden haben. Da die $\varphi_j(x)\overline{\varphi_j(y)}$ im Hilbert-Raum $L^2_{\mathbb{C}}(I\times I)$ orthonormal sind, gilt ferner

$$\|K(x,y)\|^2 = \sum_{j=1}^{\infty} \lambda_j^2.$$

Wegen $\|k\|^2 = \lambda_1^2$ (λ_1 ist der größte Eigenwert), gilt $\|k\| \leq \|K\|$ (wie wir schon früher gesehen haben) und

$$\dim \mathfrak{E}_\lambda \leq \frac{1}{\lambda^2}\,\|K\|^2.$$

Wir wollen abschließend noch zeigen, daß man die sogenannte „Kernfunktion" K aus dem kompakten Operator k zurückgewinnen kann:

Integralgleichungen

Satz 27.4. *Die Abbildung*

$$L^2_{\mathbb{C}}(I \times I) \to K(L^2_{\mathbb{C}}(I), L^2_{\mathbb{C}}(I)); \quad K \to k$$

ist injektiv, und es gilt $\|k\| \leq \|K\|$.

Beweis: Für symmetrische Kernfunktion $K(x, y) = \overline{K(y, x)}$ haben wir das gerade gezeigt. Im allgemeinen Fall zerlegen wir

$$K(x, y) = \tfrac{1}{2}(K(x, y) + \overline{K(y, x)}) + \tfrac{1}{2}(K(x, y) - \overline{K(y, x)})$$
$$= S(x, y) + A(x, y).$$

Dann ist $S(x, y) = \overline{S(y, x)}$ und $A(x, y) = -\overline{A(y, x)}$. Angenommen zu $K(x, y)$ gehört der kompakte Operator $k = 0$. Es sei s der zu $S(x, y)$ gehörige hermitesche Operator, d.h. $-s$ gehört zu $A(x, y)$. Dann gilt nach 27.3 $(-s)^* = -(-s)$ d.h. $s = 0$, d.h. $S(x, y) = 0$. Da $iA(x,y) = \overline{iA(y,x)}$, können wir das schon bewiesene noch einmal anwenden und erhalten $K(x, y) = 0$.

Übungsaufgabe

Sei X komplexer Banach-Raum und $A, B: X \to X$ stetige lineare Abbildungen. Dann gilt $S(AB) = S(BA)$. (Ist $(\text{Id} - AB)$ invertierbar, so ist $(\text{Id} + B(\text{Id} - AB)^{-1}A)$ das Inverse von $\text{Id} - BA$!)

KAPITEL VIII

Kommutative Banach-Algebren

In diesem Kapitel kommen wir zu einigen der wichtigsten und anwendungsreichsten Sätze der Funktionalanalysis. Wir beschäftigen uns mit kommutativen Banach-Algebren über dem Körper der komplexen Zahlen. Das grundlegende Prinzip bei der Untersuchung solcher Algebren (das in ganz analoger Weise auch in der Funktionentheorie und Algebraischen Geometrie verwandt wird) besteht darin, einer kommutativen Banach-Algebra B ein „Spektrum" $\mathrm{Spec}(B)$ zuzuordnen. $\mathrm{Spec}(B)$ besteht aus der Menge der maximalen Ideale von B, versehen mit einer Topologie, die $\mathrm{Spec}(B)$ zu einem kompakten Raum macht. Aus dem fundamentalen Satz 28.1 folgt sofort $B/m = \mathbb{C}$ für jedes maximale Ideal m. Jedes Element b von B definiert dann eine stetige Funktion $\varrho(b): \mathrm{Spec}(B) \to \mathbb{C}$. Wir setzen $\varrho(b)(m)$ einfach gleich dem b entsprechenden Element von $\mathbb{C} = B/m$. Ist B eine B^*-Algebra, d.h., existiert ein $\mathbb{R}$-Automorphismus $*: B \to B$, der etwa dieselben Axiome erfüllt wie die Konjugation komplexwertiger Funktionen, so liefert das geschilderte Verfahren einen isometrischen Isomorphismus

$$B \cong C(\mathrm{Spec}(B), \mathbb{C}),$$

d.h., B kann als Algebra komplexwertiger stetiger Funktionen auf einem kompakten Raum dargestellt werden (vgl. § 5, § 6).

Ist X ein Hilbert-Raum und $N: X \to X$ ein normaler Operator, d.h. $NN^* = N^*N$, so erzeugen N, N^* eine kommutative Unter-Algebra von B, deren abgeschlossene Hülle eine kommutative B^*-Algebra ist. Die Anwendung der allgemeinen Theorie auf dieses Beispiel liefert den Zusammenhang mit der Spektraltheorie normaler Operatoren im Hilbert-Raum, mit der wir uns im folgenden Kapitel beschäftigen werden.

In diesem Kapitel folgen wir weitgehend der Darstellung von DUNFORD-SCHWARTZ.

§ 28. Kommutative Banach-Algebren

Es sei B eine kommutative Banach-Algebra über dem Körper $\mathbb{C}$ (vgl. 5.11). Das Einselement von B werde mit $\mathbb{1}$ bezeichnet. Es sei $L(B, B)$ die Banach-Algebra der $\mathbb{C}$-linearen stetigen Abbildungen von B in B (also nicht der Algebra-Homomorphismen). Dann hat man einen kanonischen Algebra-Homomorphismus

$$B \to L(B, B), \quad a \mapsto T_a,$$

wobei $T_a: B \to B$ erklärt ist durch

$$T_a x = a x.$$

Dieser Algebra-Homomorphismus heißt *reguläre Darstellung* von B. Aus

$$\|T_a x\| \leq \|a\| \|x\|,$$
$$\|T_a \mathbf{1}\| = \|a\| = \|a\| \|\mathbf{1}\|$$

folgt $\|T_a\| = \|a\|$, d.h., die reguläre Darstellung ist eine Isometrie, insbesondere also injektiv. Wir haben damit gezeigt:

Jede kommutative $\mathbb{C}$-Banach-Algebra ist kanonisch isomorph zu einer Algebra von stetigen linearen Operatoren eines komplexen Banach-Raumes.

Die reguläre Darstellung gestattet uns, für lineare Operatoren definierte Begriffe auf Elemente einer kommutativen Banach-Algebra zu übertragen:

Wir definieren das Spektrum von $a \in B$ als das Spektrum von T_a:

$$S(a) = S(T_a).$$

Ist T_a invertierbar und bezeichnet U die Umkehrabbildung, so gilt $a U(\mathbf{1}) = T_a U(\mathbf{1}) = \mathbf{1}$. Also ist a invertierbar. Ist umgekehrt a invertierbar, so natürlich auch T_a, und es ist $T_a^{-1} = T_{a^{-1}}$. Deswegen ist

$$S(a) = \{\lambda \in \mathbb{C} \mid a - \lambda \mathbf{1} \text{ ist nicht invertierbar in } B\}.$$

Wir wiederholen Satz 23.5:

$S(a)$ ist nicht-leer, kompakt und enthalten in der Kreisscheibe

$$\{z \in \mathbb{C} \mid |z| \leq \|a\|\}.$$

Die Resolventenmenge $R(a)$ ist das Komplement des Spektrums. Für die Resolventenfunktion $R = R(a) \to L(B, B)$ ergibt sich: R_ξ ist Multiplikation mit $(a - \xi \mathbf{1})^{-1}$.

Satz 28.1 (GELFAND-MAZUR). *Ist die kommutative $\mathbb{C}$-Banach-Algebra B ein Körper, d.h. hat jedes Element $\neq 0$ ein Inverses, so ist B isomorph zu der Banach-Algebra $\mathbb{C}$.*

Beweis: Sei $a \in B$, $a \neq 0$ und λ Spektralwert von a, also nach Voraussetzung $\lambda \neq 0$. Also ist $a - \lambda \mathbf{1} = 0$, d.h. $a = \lambda \mathbf{1}$, also $B = \mathbb{C} \cdot \mathbf{1}$, q.e.d.

Ein *Ideal* $\mathfrak{a}$ der $\mathbb{C}$-Banach-Algebra B ist ein Untervektorraum mit der zusätzlichen Eigenschaft $ab \in \mathfrak{a}$ für alle $a \in \mathfrak{a}$, $b \in B$. Außerdem setzen wir immer voraus $\mathbf{1} \notin \mathfrak{a}$.

Lemma 28.2. *Sei $\mathfrak{a}$ ein Ideal von B. Dann ist die abgeschlossene Hülle $\bar{\mathfrak{a}}$ von B ebenfalls ein Ideal von B.*

Beweis: Sind $a, b \in \bar{\mathfrak{a}}$ und $\{a_n\}$, $\{b_n\}$ Folgen aus $\mathfrak{a}$, die gegen a bzw. b konvergieren, so konvergiert $\{a_n + b_n\}$ gegen $a + b$, d.h. $a + b \in \bar{\mathfrak{a}}$. Ist $x \in B$, so konvergiert $\{a_n x\}$ gegen ax, d.h. $ax \in \bar{\mathfrak{a}}$. Es ist nur noch zu zeigen, daß $\mathbb{1} \notin \bar{\mathfrak{a}}$. Das folgt unmittelbar aus der Tatsache, daß die Menge der invertierbaren Elemente offen ist. (Für $\|a\| < 1$ gilt $(\mathbb{1} - a)^{-1} = \mathbb{1} + a + a^2 + \ldots$, d.h., $\mathbb{1}$ hat eine Umgebung U invertierbarer Elemente, d.h., jedes andere invertierbare Element x hat xU als Umgebung invertierbarer Elemente. Vgl. auch 23.2.)

Ein Ideal m von B heißt *maximal*, wenn es in keinem echt größeren Ideal enthalten ist.

Korollar 28.3. *Jedes maximale Ideal ist abgeschlossen.*

Lemma 28.4. *Sei B kommutative Banach-Algebra und $\mathfrak{a}$ abgeschlossenes Ideal. Dann ist $B/\mathfrak{a}$ in kanonischer Weise ebenfalls Banach-Algebra.*

Beweis: Jedenfalls ist $B/\mathfrak{a}$ Algebra und, wie wir früher bewiesen haben, Banach-Raum (5.10).

Es bleiben also die Eigenschaften der Norm bezüglich der multiplikativen Struktur nachzuweisen. Ist $b \in B$, so sei üblich $\bar{b} = b + \mathfrak{a}$ das Bild von b in $B/\mathfrak{a}$. Dann gilt

$$\|\bar{x} \cdot \bar{y}\| = \|\overline{xy}\| = \inf_{a \in \mathfrak{a}} \|xy + a\| \leq \inf_{a', a'' \in \mathfrak{a}} \|(x - a')(y - a'')\| \leq \|\bar{x}\| \|\bar{y}\|.$$

Dann gilt aber auch wegen $\bar{\mathbb{1}} \neq 0$

$$\|\bar{\mathbb{1}}\| \leq \|\bar{\mathbb{1}}\|^2, \quad \text{also} \quad \|\bar{\mathbb{1}}\| \geq 1.$$

Andererseits

$$\|\bar{\mathbb{1}}\| = \inf_{a \in \mathfrak{a}} \|\mathbb{1} - a\| \leq 1, \quad \text{also} \quad \|\bar{\mathbb{1}}\| = 1.$$

Ist $\mathfrak{a}$ maximal, so ist bekanntlich (Anhang II) $B/\mathfrak{a}$ ein Körper, also nach dem eben bewiesenen Satz von GELFAND-MAZUR kanonisch isomorph zum Körper der komplexen Zahlen. Wir kommen nun zu einer äußerst wichtigen Definition:

Definition 28.5. *Ist B kommutative $\mathbb{C}$-Banach-Algebra, so bezeichne $\mathrm{Spec}(B)$ die Menge der maximalen Ideale von B, versehen mit der im folgenden erklärten Topologie.*

Zunächst definiert jedes maximale Ideal m in kanonischer Weise einen stetigen $\mathbb{C}$-Algebra-Homomorphismus $f_m: B \to \mathbb{C}$, nämlich die Zusam-

Kommutative Banach-Algebren 125

mensetzung der kanonischen Projektion $B \to B/m$ mit dem kanonischen Isomorphismus $B/m \cong \mathbb{C}$. Nun gilt:

Lemma 28.6. *Ist $f: B \to \mathbb{C}$ beliebiger $\mathbb{C}$-Algebra-Homomorphismus, so ist f beschränkt, und es gilt $\|f\| = 1$.*

Beweis: Sei $f(b) = \lambda$, $b \in B$. Dann gilt $f(b - \lambda\mathbb{1}) = 0$, d.h. $(b - \lambda\mathbb{1})$ ist nicht invertierbar, also $\lambda \in S(b)$. Nach 23.5 gilt also
$$|f(b)| = |\lambda| \leq \|b\|,$$
d.h. $\|f\| \leq 1$. Andererseits gilt $f(\mathbb{1}) = 1$, also $\|f\| \geq 1$.

Da jeder $\mathbb{C}$-Algebra-Homomorphismus $B \to \mathbb{C}$ als Kern ein maximales Ideal von B hat, haben wir eine *1-1-deutige* Beziehung zwischen den maximalen Idealen von B und den $\mathbb{C}$-Algebra-Homomorphismen $B \to \mathbb{C}$ hergestellt. Den zum maximalen Ideal m gehörigen Homomorphismus bezeichnen wir mit f_m. Wir betrachten auf Grund des letzten Lemmas $\mathrm{Spec}(B)$ als Teilmenge der Einheitskugel von B'.

Satz 28.7. $\mathrm{Spec}(B)$ *ist abgeschlossene, nach Satz 13.9 also kompakte Teilmenge der Einheitsvollkugel von B' bezüglich der schwach-$*$-Topologie von B'.*

Beweis: Sei $f: B \to \mathbb{C}$ stetig linear, aber kein Algebra-Homomorphismus, z.B. $f(xy) \neq f(x)f(y)$. Für alle h aus der schwach-$*$-offenen Menge
$$\{g \mid |g(x) - f(x)| < \varepsilon, \ |g(y) - f(y)| < \varepsilon, \ |g(xy) - f(xy)| < \varepsilon\}$$
gilt für genügend kleines ε ebenfalls $g(xy) \neq g(x)g(y)$. Also ist das Komplement von $\mathrm{Spec}(B)$ schwach-$*$-offen.

Korollar 28.8. *Die Algebra $C(\mathrm{Spec}(B), \mathbb{C})$ der komplexwertigen stetigen Funktionen auf dem topologischen Raum $\mathrm{Spec}(B)$ ist eine Banach-Algebra.* $\bigl($Statt $C(\mathrm{Spec}(B), \mathbb{C})$ schreiben wir im folgenden einfach $C(\mathrm{Spec}(B))$. Für die Definition der Banach-Algebra $C(X, \mathbb{C})$ siehe § 5.$\bigr)$

Satz 28.9. *Der kanonische $\mathbb{C}$-Algebra-Homomorphismus*
$$\varrho: B \to C(\mathrm{Spec}(B)), \quad \varrho(b)(m) = f_m(b), \quad b \in B, \ m \in \mathrm{Spec}(B)$$
ist stetig. Es gilt $\|\varrho\| \leq 1$.

Der Kern von ϱ ist das Radikal $\mathfrak{r}$ von B, d.h. der Durchschnitt aller maximalen Ideale von B.

Beweis: Zunächst folgt sofort aus der Definition, daß ϱ ein $\mathbb{C}$-Algebra-Homomorphismus ist. Die Funktion $\varrho(b)$ ist stetig, denn das Urbild einer offenen ε-Kreisscheibe in $\mathbb{C}$ unter dieser Funktion ist offensichtlich schwach-∗-offen. Die Stetigkeit von ϱ folgt natürlich aus $\|\varrho\| \leq 1$, und dies ergibt sich aus der Abschätzung

$$|\varrho(b)(m)| = |f_m(b)| \leq \|f_m\| \|b\| = \|b\|,$$

d.h. $\|\varrho(b)\| \leq \|b\|$.

Aus der Definition von ϱ folgt schließlich unmittelbar, daß genau das Radikal auf 0 abgebildet wird.

Der folgende Satz stellt den Zusammenhang zwischen dem Spektrum $\mathrm{Spec}(B)$ der Banach-Algebra B und dem Spektrum $S(b)$ für $b \in B$ her. Wir führen noch folgende Bezeichnung ein:

$$r(b) = \mathrm{Sup}\{|x| \mid x \in S(b)\};$$

$r(b)$ heißt *Spektralradius* von b.

Satz 28.10. *Es sei B eine $\mathbb{C}$-Banach-Algebra und ϱ der im letzten Satz definierte Algebra-Homomorphismus $B \to C(\mathrm{Spec}(B))$. Dann gilt*

(i) $\varrho(b)(\mathrm{Spec}(B)) = S(b)$.

(ii) $r(b) = \lim_{n \to \infty} \|b^n\|^{1/n} = \|\varrho(b)\|$.

Beweis: (i) Es ist $b - \varrho(b)(m)\mathbf{1}$ ein Element von m, denn f_m bildet dieses Element auf 0 ab. Also ist $b - \varrho(b)(m)\mathbf{1}$ nicht invertierbar, d.h. $\varrho(b)(m) \in S(b)$. Ist umgekehrt $\lambda \in S(b)$, d.h. $b - \lambda\mathbf{1}$ nicht invertierbar, so gehört $b - \lambda\mathbf{1}$ zu einem geeigneten maximalen Ideal m (vgl. Anhang II), d.h. $\lambda = f_m(b) = \varrho(m)(b)$.

(ii) $r(b) = \|\varrho(b)\|$ folgt sofort aus (i).

Die Resolventenfunktion von b hat für $|z| < \|b\|$ folgende Laurentreihen-Entwicklung

$$(b - z\mathbf{1})^{-1} = -\sum_{n=0}^{\infty} \frac{b^n}{z^{n+1}}.$$

Nun ist für alle $f \in B'$ die Funktion $f((b - z\mathbf{1})^{-1})$ auf $\mathbb{C} - S(b)$ definiert und holomorph. Deshalb konvergiert

$$f((b - z\mathbf{1})^{-1}) = -\sum_{n=0}^{\infty} \frac{f(b^n)}{z^{n+1}}$$

für $|z| > r(b)$, also

$$\sup_n \left| \frac{f(b^n)}{z^{n+1}} \right| < \infty.$$

Nach dem Prinzip der gleichmäßigen Beschränktheit 8.2 gibt es ein M_z mit

$$\left\| \frac{b^n}{z^{n+1}} \right\| \leq M_z \quad \text{für alle } n,$$

also
$$\limsup \|b^n\|^{1/n} \leq |z|.$$
Da diese Ungleichung für alle z mit $|z| > r(b)$ gilt, folgt
$$\limsup \|b^n\|^{1/n} \leq r(b).$$
Ist $\lambda \in S(b)$, so ist $\lambda^n \in S(b^n)$, denn ist $b - \lambda \mathbf{1}$ nicht invertierbar, so ist auch
$$(b^n - \lambda^n \mathbf{1}) = (b - \lambda \mathbf{1})(b^{n-1} + \lambda b^{n-2} + \cdots + \lambda^{n-1} \mathbf{1})$$
nicht invertierbar. Also $|\lambda^n| \leq \|b^n\|$, d.h.
$$|\lambda| \leq \liminf \|b^n\|^{1/n},$$
also
$$r(b) \leq \liminf \|b^n\|^{1/n}.$$
Damit ist $r(b) = \lim \|b^n\|^{1/n}$ bewiesen.

§ 29. Kommutative B*-Algebren

Eine wesentliche Verbesserung des im letzten Paragraphen abgeleiteten Darstellungssatzes 28.9 läßt sich beweisen, wenn man kommutative Banach-Algebren mit Involution betrachtet.

Definition 29.1. *Sei B eine komplexe kommutative Banach-Algebra. Ein $\mathbb{R}$-Algebra-Automorphismus $*: B \to B$ heißt Involution, wenn folgende Bedingungen erfüllt sind:*

(i) $(\lambda \mathbf{1})^* = \bar{\lambda} \mathbf{1}$ *für alle* $\lambda \in \mathbb{C}$.

(ii) $b^{**} = b$ *für alle* $b \in B$.

(iii) $\|b^* b\| = \|b\|^2$; $\|b\| = \|b^*\|$, $\|b^2\| = \|b\|^2$ *für alle* $b \in B$.

Die Banach-Algebra B zusammen mit der Involution $*$ nennen wir der üblichen Terminologie folgend eine kommutative B-Algebra.*

(*Bemerkung:* Die Bedingungen $\|b\| = \|b^*\|$, $\|b^2\| = \|b\|^2$ folgen aus den übrigen: Aus $\|b\|^2 = \|b^* b\| \leq \|b^*\| \|b\|$ folgt $\|b\| \leq \|b^*\|$, also $\|b^*\| \leq \|b^{**}\| = \|b\|$, also $\|b\| = \|b^*\|$. Ferner gilt $\|b\|^4 = \|b^* b\|^2 = \|(b^* b)(b^* b)^*\| = \|(b^2)(b^2)^*\| = \|b^2\|^2$, also $\|b\|^2 = \|b^2\|$.)

Beispiel 29.2. Sei X kompakter topologischer Raum und $C(X)$ die Algebra der komplexwertigen stetigen Funktionen auf X. Durch $f^* = \bar{f}$ ist eine Involution erklärt.

Im folgenden werden wir zeigen, daß sich jede kommutative B*-Algebra in kanonischer Weise als $C(X)$ schreiben läßt.

Satz 29.3. *Sei B kommutative B^*-Algebra und ϱ der kanonische Homomorphismus*
$$B \to C(\mathrm{Spec}(B)).$$
Dann gilt für alle $b \in B$
$$\overline{\varrho(b)} = \varrho(b^*),$$
d.h., ϱ ist ein Homomorphismus von kommutativen B^*-Algebren.

Beweis: Es ist für alle $b \in B$, $m \in \mathrm{Spec}(B)$ zu beweisen
$$\varrho(b^*)(m) = \overline{\varrho(b)(m)}.$$

Sei $\varrho(b)(m) = \alpha + \beta i$, $\varrho(b^*)(m) = \gamma + \delta i$ mit $\alpha, \beta, \gamma, \delta \in \mathbb{R}$. Angenommen, es ist $\beta + \delta \neq 0$. Dann sei
$$c = \frac{b + b^* - (\alpha + \gamma)\mathbb{1}}{\beta + \delta}$$

Offenbar gilt $c = c^*$ und $\varrho(c)(m) = i$. Für jede reelle Zahl λ gilt dann
$$\varrho(c + i\lambda\mathbb{1})(m) = i(1 + \lambda),$$
also
$$|1 + \lambda| \leq \|c + i\lambda\mathbb{1}\|$$
$$(1 + \lambda)^2 \leq \|c + i\lambda\mathbb{1}\|^2 = \|(c + i\lambda\mathbb{1})(c + i\lambda\mathbb{1})^*\|$$
$$\leq \|c^2 + \lambda^2\mathbb{1}\| \leq \|c^2\| + \lambda^2.$$

Damit haben wir einen Widerspruch, denn für genügend großes λ ist diese Ungleichung offenbar falsch. Also gilt $\beta + \delta = 0$. Wenden wir denselben Schluß noch auf die Elemente ib, $(ib)^*$ an, so folgt die Behauptung.

Satz 29.4 (GELFAND-NEUMARK). *Es sei B eine kommutative B^*-Algebra. Dann ist der kanonische Homomorphismus*
$$\varrho: B \to C(\mathrm{Spec}(B))$$
ein isometrischer Isomorphismus von B^*-Algebren.

Beweis: Ist n eine Potenz von 2, so gilt $\|b\|^n = \|b^n\|$. Also ist nach Satz 28.10 (ii) der Homomorphismus ϱ eine Isometrie. Es ist dann nur noch die Surjektivität zu zeigen, und dies geschieht mittels des Satzes von STONE-WEIERSTRASS (Anhang I). Die Voraussetzungen dieses Satzes sind erfüllt. Mit $\varrho(b)$ liegt nach 29.3 auch $\overline{\varrho(b)} = \varrho(b^*)$ in $\varrho(B)$. Ferner trennt $\varrho(B)$ Punkte in $\mathrm{Spec}(B)$: Seien $m_1, m_2 \in \mathrm{Spec}(B)$, $m_1 \neq m_2$, also z.B. $b \in m_1$, $b \notin m_2$. Dann gilt $f_{m_1}(b) \neq f_{m_2}(b)$, d.h. $\varrho(b)(m_1) \neq \varrho(b)(m_2)$. Nach dem Satz von STONE-WEIERSTRASS liegt $\varrho(B)$ dicht in $C(\mathrm{Spec}(B))$, und da $\varrho(B)$ ein Banach-Raum ist, ist $\varrho(B)$ gleich $C(\mathrm{Spec}(B))$, q.e.d.

Wir wollen noch kurz bemerken, daß sich durch Anwendung des Satzes von GELFAND-NEUMARK auf die kommutative B^*-Algebra $C(X)$ (X kompakter topologischer Raum) wieder die Algebra $C(X)$ ergibt. Ist $x \in X$ und $f_x : C(X) \to \mathbb{C}$ definiert durch $f_x(g) = g(x)$, so ist f_x ein stetiger Algebra-Homomorphismus. Der Kern von f_x, das ist die Menge

$$m_x = \{g \in C(X) \mid g(x) = 0\}$$

ist also maximales Ideal von $C(X)$. Wir behaupten jedes maximale Ideal ist von dieser Art. Ist m ein maximales Ideal, welches verschieden von allen m_x ist, insbesondere also in keinem m_x enthalten ist, so gibt es zu jedem $x \in X$ ein $g_x \in m$ mit $g_x(x) \ne 0$. Wegen der Stetigkeit der g_x und der Kompaktheit von X gibt es eine endliche Teilmenge X_0 von X und zu jedem $x \in X_0$ eine Umgebung U_x von x mit g_x nimmt auf U_x nicht den Wert 0 an und $X = \bigcup_{x \in X_0} U_x$. Dann ist

$$f = \sum_{x \in X_0} g_x \overline{g_x} \in m$$

überall von 0 verschieden. Also ist f^{-1} wohldefiniert, also $f \cdot f^{-1} = 1 \in m$. Widerspruch!

Wir überlassen es dem Leser zu zeigen, daß die Spektraltopologie von X mit der ursprünglichen übereinstimmt. Die Definition von ϱ liefert in dem betrachteten Fall dann die Identität.

§ 30. Der Spektralsatz

Aus dem Satz von GELFAND-NEUMARK ergibt sich einer der fundamentalen Sätze der Funktional-Analysis, nämlich der Spektralsatz.

Es sei X komplexer Hilbert-Raum. Die im folgenden betrachteten linearen Abbildungen $X \to X$ („Operatoren") werden, wenn nichts anderes gesagt wird, immer als stetig vorausgesetzt. Ein Operator $N : X \to X$ heißt *normal*, falls $NN^* = N^*N$. Die von N und N^* erzeugte Unteralgebra $\mathfrak{a}(N, N^*)$ von $L(X, X)$ ist deshalb kommutativ. Wir überlassen dem Leser den leichten Beweis, daß dann auch die abgeschlossene Hülle $\overline{\mathfrak{a}(N, N^*)}$ dieser Unteralgebra kommutativ ist. Durch $N \mapsto N^*$ ist eine Involution auf $\overline{\mathfrak{a}(N, N^*)}$ definiert. Dies folgt teilweise aus 22.2, teilweise aus folgender Bemerkung:

$$V \in L(X, X) \Rightarrow \|V^* V\| = \|V\|^2.$$

Beweis: $V^* V$ ist hermitesch. Nach 22.8 gilt

$$\|V^* V\| = \sup_{\|x\|=1} \langle V^* V x, x \rangle = \sup \langle V x, V x \rangle$$
$$= \sup \|V x\|^2 = \|V\|^2.$$

Im folgenden Satz und Beweis bezeichne $S(N)$ das Spektrum von N als Element der kommutativen Banach-Algebra $\overline{\mathfrak{a}(N,N^*)}$. Diese Bezeichnung ist gerechtfertigt, denn wie wir anschließend zeigen werden, ist $S(N)$ gleich dem Spektrum von N als Operator auf dem Hilbert-Raum X.

Satz 30.1 (Spektralsatz). *Sei X komplexer Hilbert-Raum und N ein normaler Operator mit Spektrum $S(N)$ auf X. Dann existiert ein kanonischer isometrischer Isomorphismus der B^*-Algebra $\overline{\mathfrak{a}(N,N^*)}$ auf die B^*-Algebra $C(S(N))$.*
Unter diesem Isomorphismus wird N auf Id und N^* auf $\overline{\mathrm{Id}}$ abgebildet. Ferner ist der Isomorphismus durch $N \mapsto \mathrm{Id}$, $N^* \mapsto \overline{\mathrm{Id}}$ eindeutig bestimmt.

Beweis: Ist ϱ der kanonische Homomorphismus des Satzes von GELFAND-NEUMARK (29.4), so ist

$$\varrho(N) = v \colon \mathrm{Spec}(\overline{\mathfrak{a}(N,N^*)}) \to \mathbb{C}$$

eine stetige Abbildung.

Nach 28.10 gilt $\mathrm{Bild}(v) = S(N)$. Wir zeigen nun, daß v injektiv ist: Es seien $m_1, m_2 \in \mathrm{Spec}(\overline{\mathfrak{a}(N,N^*)})$ und $\varrho(N)(m_1) = \varrho(N)(m_2)$. Dann gilt

$$\varrho(N^*)(m_1) = \overline{\varrho(N)(m_1)} = \overline{\varrho(N)(m_2)} = \varrho(N^*)(m_2).$$

Also gilt für alle $A \in \overline{\mathfrak{a}(N,N^*)}$, daß $\varrho(A)(m_1) = \varrho(A)(m_2)$, also $f_{m_1}(A) = f_{m_2}(A)$, also $f_{m_1} = f_{m_2}$, also $m_1 = m_2$. Wegen der Kompaktheit von $\mathrm{Spec}(\overline{\mathfrak{a}(N,N^*)})$ und $S(N)$ ist v ein Homöomorphismus. Dann induziert v einen isometrischen Isomorphismus

$$C\left(\mathrm{Spec}(\overline{\mathfrak{a}(N,N^*)})\right) \to C(S(N)).$$

Mit dem Satz von GELFAND-NEUMARK erhalten wir einen isometrischen Isomorphismus von B^*-Algebren

$$\overline{\mathfrak{a}(N,N^*)} \cong C(S(N)),$$

und es ist klar, daß N der identischen Abbildung entspricht. Es ist dann nur noch die letzte Behauptung des Satzes zu verifizieren, und diese folgt unmittelbar aus der Tatsache, daß ein stetiger B^*-Algebra-Homomorphismus auf $\overline{\mathfrak{a}(N,N^*)}$ durch seinen Wert auf N bestimmt ist.

Bemerkung: Ist p ein Polynom mit komplexen Koeffizienten $p(z) = a_n z^n + \cdots + a_1 z + a_0$, so ist $p|_{S(N)}$ eine stetige Funktion. Der dieser

Der Spektralsatz

stetigen Funktion entsprechende Operator ist nach dem gerade bewiesenen der Operator
$$p(N) = a_n N^n + \cdots + a_1 N + a_0.$$

Deshalb ist es sinnvoll, den der stetigen Funktion $f: S(N) \to \mathbb{C}$ entsprechenden Operator mit $f(N)$ zu bezeichnen. Man könnte den Weierstraßschen Approximationssatz benutzen, um $C(S(N)) \to \overline{a(N, N^*)}$ direkt zu definieren. Diese Abbildung ist die Umkehrabbildung zu dem im Beweis des letzten Satzes konstruierten Isomorphismus; wir wollen sie mit φ_N bezeichnen. Es ist also $\varphi_N(f) = f(N)$.

Wir ziehen jetzt noch einige Folgerungen aus dem Spektralsatz. Im folgenden schreiben wir statt $\overline{a(N, N^*)}$ etc. einfach $\bar{a}(N, N^*)$ etc.

Korollar 30.2. *Es sei N ein normaler Operator auf X und $S(N)$ das Spektrum von N als Element der kommutativen Banach-Algebra $\bar{a}(N, N^*)$. Es sei $\Sigma(N)$ das Spektrum von N betrachtet als Operator auf X. Dann gilt $S(N) = \Sigma(N)$.*

Beweis: Ist $N - \lambda \operatorname{Id}$ invertierbar in $\bar{a}(N, N^*)$, so gilt für den inversen Operator U, daß $(N - \lambda \operatorname{Id}) U = \operatorname{Id}$, also liegt λ in der Resolventenmenge von N, also $\Sigma(N) \subset S(N)$. Angenommen $\Sigma(N) \neq S(N)$. Dann ist für $\lambda \in S(N) - \Sigma(N)$ der Operator $(N - \lambda \operatorname{Id}): X \to X$ invertierbar. Es sei B der inverse Operator und $c > \|B\|$. Dann wählen wir eine stetige Funktion $f: S(N) \to \mathbb{C}$ mit $f(\lambda) = c$ und $|f(x)(x - \lambda)| \leq 1$ für alle $x \in S(N)$. Nach dem Spektralsatz gilt
$$c \leq \|f(N)\| = \|B f(N)(N - \lambda \operatorname{Id})\| \leq \|B\| \|f(x)(x - \lambda)\| \leq \|B\|$$
im Widerspruch zur Wahl von c.

Korollar 30.3. *Ist N normaler Operator und $f: S(N) \to \mathbb{C}$ eine stetige Abbildung, so gilt*
$$f(S(N)) = S(f(N)).$$

Beweis: Zunächst eine allgemeine Bemerkung: Seien X, X' kompakte topologische Räume und $f: X \to X'$ eine stetige Abbildung. Dann ist $f(X)$ kompakt. Ist also f nicht surjektiv, so ist die durch f induzierte Abbildung
$$C(X') \to C(X), \quad g \mapsto g \circ f$$
nicht injektiv, denn es gibt eine Funktion $g: X' \to \mathbb{C}$ mit $g \neq 0$, aber $g|_{f(X)} = 0$ (Urysonsches Lemma; vgl. Anhang I).

Da $\bar{a}(f(N), f(N)^*)$ Unteralgebra von $\bar{a}(N, N^*)$ ist, hat man eine kanonische stetige Abbildung
$$\varphi: \operatorname{Spec}(\bar{a}(N, N^*)) \to \operatorname{Spec}(\bar{a}(f(N), f(N)^*)),$$

die nämlich jedem Algebra-Homomorphismus $\chi \colon \bar{a}(N, N^*) \to \mathbb{C}$ seine Beschränkung auf $\bar{a}(f(N), f(N)^*)$ zuordnet. Also hat man eine Abbildung

$$C\bigl(\operatorname{Spec}\bigl(\bar{a}(f(N), f(N)^*)\bigr)\bigr) \to C\bigl(\operatorname{Spec}\bigl(\bar{a}(N, N^*)\bigr)\bigr),$$

und wendet man den Satz von GELFAND-NEUMARK an, so erhält man eine Abbildung

$$\bar{a}(f(N), f(N)^*) \to \bar{a}(N, N^*).$$

Verfolgt man die ganze Konstruktion, so sieht man, daß dies gerade die Inklusion ist. Nach der Vorbemerkung muß φ surjektiv sein. Identifiziert man $\operatorname{Spec}(\overline{a}(N, N^*))$ und $\operatorname{Spec}(\overline{a}(f(N), f(N)^*))$ nach dem Beweis von 30.1 mit Teilmengen von $\mathbb{C}$, so ist φ offenbar gerade f, und die Behauptung ist bewiesen.

Wichtige Beispiele für normale Operatoren sind die *hermiteschen* und *unitären* Operatoren, die durch die Bedingungen

$$A = A^* \quad \text{bzw.} \quad UU^* = U^*U = \operatorname{Id}$$

charakterisiert sind.

Korollar 30.4. *Ein hermitescher Operator hat nur reelle Spektralwerte. Das Spektrum eines unitären Operators ist enthalten im Einheitskreis* $\{z \in \mathbb{C} \mid |z| = 1\}$.

Beweis: Aus $A = A^*$ folgt nach dem Spektralsatz $\operatorname{Id}|_{S(A)} = \overline{\operatorname{Id}}|_{S(A)}$, d.h. $S(A) \subset \mathbb{R}$. Analog folgt aus $UU^* = \operatorname{Id}$, daß $\operatorname{Id}|_{S(U)} \cdot \overline{\operatorname{Id}}|_{S(U)} = 1$ (konstante Funktion), d.h.

$$S(U) \subset \{z \in \mathbb{C} \mid |z| = 1\}.$$

Für die gerade bewiesene Tatsache, daß ein hermitescher Operator nur reelle Spektralwerte hat, wollen wir noch einen elementaren Beweis geben:

Satz 30.5. *Sei X ein komplexer Hilbert-Raum, $A \colon X \to X$ hermitescher Operator. Dann hat A nur reelle Spektralwerte. Ist $A \geq 0$, so ist das Spektrum von A enthalten im Intervall $\langle 0, \|A\| \rangle$.*

Beweis: Sei $\lambda = \lambda_1 + i\lambda_2$ eine nicht-reelle Zahl. Wir haben zu zeigen $B = A - (\lambda_1 + i\lambda_2)\operatorname{Id}$ ist bijektiv. Gilt $Bx = 0$, so gilt wie bei 26.5

$$\lambda x = A x = A^* x = \bar{\lambda} x,$$

Der Spektralsatz 133

also $x = 0$. Bezüglich der Surjektivität zeigen wir zunächst $B(X)$ ist dicht in X. Angenommen $\langle Bx, y \rangle = 0$ für alle $x \in X$. Dann folgt

$$\langle x, Ay \rangle = \langle Ax, y \rangle = \langle \lambda x, y \rangle = \langle x, \bar{\lambda} y \rangle.$$

Also ist $Ay = \bar{\lambda}y$, also $y = 0$ nach dem schon bewiesenen.

Wir zeigen jetzt $B(X) = X$. Sei $x \in X$ und $\{x_n\} = \{By_n\}$ eine gegen x konvergente Folge aus $B(X)$. Die Folge $\{y_n\}$ (y_n ist eindeutig bestimmt!) ist Cauchy-Folge, denn

$$\|x_n - x_m\|^2 = \langle (A - \lambda_0 - i\lambda_1)(y_n - y_m), (A - \lambda_0 - i\lambda_1)(y_n - y_m) \rangle$$
$$= \langle (A - \lambda_0)(y_n - y_m), (A - \lambda_0)(y_n - y_m) \rangle +$$
$$+ \lambda_1^2 \langle y_n - y_m, y_n - y_m \rangle \geq \lambda_1^2 \|y_n - y_m\|^2.$$

Sei $y = \lim y_n$; dann gilt $x = By$.

Wir kommen jetzt zum Beweis der zweiten Behauptung. Nach 23.5 und dem schon bewiesenen ist jedenfalls $S(A) \subset \langle -\|A\|, +\|A\| \rangle$. Es genügt zu zeigen: (*) Ist $A \geq \text{Id}$, so existiert A^{-1}.

Denn für negatives λ ist $A - \lambda \text{Id} \geq -\lambda \text{Id}$, also $-\dfrac{1}{\lambda}(A - \lambda \text{Id}) \geq \text{Id}$.

Also folgt aus (*), daß λ kein Spektralwert ist. Wir beweisen nun (*): Wegen $A \geq \text{Id}$ gilt für alle $x \in X$

$$\|Ax\| \|x\| \geq \langle Ax, x \rangle \geq \langle x, x \rangle = \|x\|^2,$$

also $\|Ax\| \geq \|x\|$, also ist A injektiv. Damit folgt sofort, daß $A(X)$ dicht in X liegt, denn gilt $\langle Ax, y \rangle = 0$ für alle x, so folgt $0 = \langle Ax, y \rangle = \langle x, Ay \rangle$, also $Ay = 0$, also $y = 0$.

Sei $x \in X$ und $\{x_n\}$ eine gegen x konvergente Folge aus $A(x)$. Dann ist y_n durch $Ay_n = x_n$ eindeutig bestimmt, und y_n ist Cauchy-Folge, denn

$$\|y_n - y_m\| \leq \|A(y_n - y_m)\| = \|x_n - x_m\|.$$

Für den Limes $y = \lim y_n$ gilt $Ay = x$. Damit ist alles gezeigt.

Für hermitesche Operatoren formulieren wir den Spektralsatz in geringfügig anderer Weise mit einer kleinen Ergänzung noch einmal. Dabei bezeichne $\mathfrak{a}_\mathbb{R}(A)$ die von dem Operator A erzeugte $\mathbb{R}$-Algebra in $L(X, X)$. Es ist sinnvoll $\bar{\mathfrak{a}}_\mathbb{R}(A)$ zu betrachten, da diese Algebra nur hermitesche Operatoren enthält.

Satz 30.6. *Es sei X ein $\mathbb{K}$-Hilbert-Raum und $A: X \to X$ ein hermitescher Operator. Dann besteht ein kanonischer isometrischer $\mathbb{R}$-Algebra-Isomorphismus*

$$\psi_A : C(S(A), \mathbb{R}) \to \bar{\mathfrak{a}}_\mathbb{R}(A).$$

ψ_A ist eindeutig dadurch gekennzeichnet, daß $\psi_A(\mathrm{Id}) = A$. Außerdem ist ψ_A in beiden Richtungen ordnungserhaltend, d.h., aus $f \leq g$ folgt $\psi_A(f) \leq \psi_A(g)$ und aus $\psi_A(f) \leq \psi_A(g)$ folgt $f \leq g$.

Beweis: Bis auf die letzte Behauptung folgt im Falle eines $\mathbb{C}$-Hilbert-Raumes alles aus dem schon bewiesenen Spektralsatz. Im Fall eines $\mathbb{R}$-Hilbert-Raumes betrachtet man die Komplexifizierung $X \otimes_\mathbb{R} \mathbb{C}$. Wir überlassen es dem Leser, die Einzelheiten auszuführen.

Es ist nun zu zeigen: $f \geq 0 \Rightarrow \psi_A(f) \geq 0$. Sei $g = {}_+\sqrt{f} \geq 0$. Dann ist

$$\langle \psi_A(f)\, x,\, x \rangle = \langle \psi_A(g)^2 x,\, x \rangle = \langle \psi_A(g) x,\, \psi_A(g) x \rangle \geq 0.$$

Schließlich ist zu zeigen: $\psi_A(f) \geq 0 \Rightarrow f \geq 0$. Ist $\psi_A(f) \geq 0$, so ist nach dem letzten Satz $S(\psi_A(f)) \subset \langle 0, \infty)$. Nach 30.3 ist $S(\psi_A(f)) = f(S(A))$. Also ist f positiv, q.e.d.

Korollar 30.7. *Sei A hermitescher Operator, $A \geq 0$. Dann gibt es einen mit A vertauschbaren positiven hermiteschen Operator B, so daß $B^2 = A$.*

Beweis: Auf $S(A) \subset \langle 0, \infty)$ ist $f(x) = \sqrt{x}$ wohldefiniert und stetig. $B = f(A)$ erfüllt alle Bedingungen.

Übungsaufgaben

1. Formuliere den Spektralsatz für endlich-dimensionale Räume und beweise ihn mit den Methoden der linearen Algebra.
2. Konstruiere einen normalen Operator, dessen Spektrum eine beliebige vorgegebene endliche Menge ist. (Löse diese Aufgabe zunächst für den Fall, daß diese Menge aus einem Punkt besteht.)

KAPITEL IX

Spektraldarstellung hermitescher und unitärer Operatoren

In einem Hilbert-Raum kann man genau wie im euklidischen Raum orthogonale Projektionen auf abgeschlossene Teilräume definieren. Eine Spektralschar ist im wesentlichen eine monoton steigende Funktion $\lambda \mapsto E_\lambda$, $\lambda \in \mathbb{R}$, E_λ Projektionsoperator, die rechtsseitig stetig ist bezüglich der schwachen Topologie. Ähnlich wie man für eine reellwertige monotone Funktion g das Stieltjes-Integral $\int f\,dg$ erklärt, kann man auch für Spektralscharen ein Stieltjes-Integral definieren, und zwar ist $\int f\,dE_\lambda$ (f stetige reellwertige Funktion) ein hermitescher Operator.

Das Hauptergebnis dieses Kapitels ordnet jedem hermiteschen Operator A in kanonischer Weise eine Spektralschar E_λ zu derart, daß $A = \int \lambda\,dE_\lambda$. Die Eigenwerte von A sind gerade die Unstetigkeitsstellen von $\lambda \mapsto E_\lambda$. Eine ähnliche Darstellung wird für unitäre Operatoren bewiesen. Als Anwendung berechnen wir die Wegzusammenhangskomponenten der Gruppe der unitären Operatoren (es gibt nur eine) und des Raumes der Fredholm-Operatoren.

§ 31. Spektralscharen

Sei X ein $\mathbb{K}$-Hilbert-Raum, L ein abgeschlossener Teilraum, $L^\perp$ sein orthogonales Komplement. Dann hat jedes $x \in X$ eine eindeutige Zerlegung $x = x' + x''$ mit $x' \in L$, $x'' \in L^\perp$. Aus naheliegenden geometrischen Gründen heißt die lineare Abbildung

$$P_L : X \to X; \quad x \mapsto x'$$

Orthogonal-Projektion auf L. Jede derartige Abbildung heißt *Projektor*. Offenbar gilt $P_L|_L = \mathrm{Id}_L$, $P_L|_{L^\perp} = 0$.

Lemma 31.1. *Die Projektoren sind genau die hermiteschen Abbildungen P mit $P \circ P = P$.*

Beweis: P_L ist hermitesch wegen

$$\langle P_L x, y \rangle = \langle x', y' + y'' \rangle = \langle x', y' \rangle = \langle x' + x'', y' \rangle = \langle x, P_L y \rangle.$$

$P_L \circ P_L = P_L$ ist klar.

Hat umgekehrt P diese beiden Eigenschaften, so gilt $P(X) = \mathrm{Kern}(\mathrm{Id} - P)$, denn für alle $x \in X$ ist $(\mathrm{Id} - P)Px = 0$, also $P(X) \subset \mathrm{Kern}(\mathrm{Id} - P)$, und ist $y \in \mathrm{Kern}(\mathrm{Id} - P)$, so ist $y = Py$, und hieraus folgt $P(X) \supset \mathrm{Kern}(\mathrm{Id} - P)$. Also ist $L = P(X)$ abgeschlossen. Wegen $P \circ P = P$ ist $P|_L = \mathrm{Id}_L$.

Es bleibt noch zu zeigen $P(x) = 0$ für alle $x \in L^\perp$. Ist $x \in L^\perp$, so folgt $\langle x, Py \rangle = 0$ für alle $y \in X$, also $\langle Px, y \rangle = 0$, d.h. $Px = 0$.

Die wichtigsten Eigenschaften der Projektoren fassen wir in folgendem Lemma zusammen:

Lemma 31.2. (i) $\|P_L\| = 1$ *falls* $L \neq 0$.

(ii) $P_L \geq 0$.

(iii) $P_1 \leq P_2 \Leftrightarrow P_1(X) \subset P_2(X) \Leftrightarrow \mathrm{Kern}(P_2) \subset \mathrm{Kern}(P_1)$.

(iv) $P_1 \leq P_2 \Rightarrow P_2 \circ P_1 = P_1 \circ P_2 = P_1$.

(v) $P_1 \leq P_2 \Rightarrow P_2 - P_1$ *ist Projektor*.

(vi) *Eine monoton steigende Folge* $\{P_n\}_{n \in \mathbb{N}}$ *von Projektoren ist schwach konvergent. Der Limes* P *ist ebenfalls ein Projektor. Für* P *gilt*

(vii) $\mathrm{Kern}\, P = \bigcap_n \mathrm{Kern}\, P_n$.

(viii) $\overline{\mathrm{Bild}\, P} = \overline{\bigcup_n \mathrm{Bild}\, P_n}$.

Beweis: Die ersten vier Behauptungen sind trivial.

(v) $P_2 - P_1$ ist hermitesch, und aus (iv) folgt $(P_2 - P_1)(P_2 - P_1) = P_2 - P_1$. Aus dem letzten Lemma folgt die Behauptung. Offenbar ist $P_2 - P_1$ die orthogonale Projektion auf das orthogonale Komplement von $P_1(X)$ in $P_2(X)$.

(vi) Die Konvergenz der Folge $\{P_n\}$ ergibt sich aus 22.11, daß P Projektor ist, folgt wiederum aus dem letzten Lemma.

(vii) Ist $x \in \mathrm{Kern}\, P$, so ist wegen $P_n \leq P$ $x \in \mathrm{Kern}\, P_n$ für alle n. Gilt umgekehrt für alle n, daß $x \in \mathrm{Kern}(P_n)$, so folgt $Px = \lim P_n x = 0$.

(viii) Zunächst ist wegen $P_n(X) \subset P_{n+1}(X)$ die Vereinigung $\bigcup_n P_n(X)$ Untervektorraum von X. Wegen $Px = \lim P_n x \in \overline{\bigcup P_n(X)}$ gilt $P(X) \subset \overline{\bigcup P_n(X)}$. Umgekehrt folgt aus $P_n \leq P$, daß $P_n(X) \subset P(X)$, also $P(X) \supset \overline{\bigcup P_n(X)}$.

Wir kommen nun zu einem fundamentalen Begriff:

Definition 31.3. *Eine Abbildung*

$$\mathbb{R} \to L(X, X); \quad \lambda \mapsto E_\lambda$$

heißt Spektralschar, wenn folgende Bedingungen erfüllt sind:

(0) E_λ *ist Projektionsoperator für alle* $\lambda \in \mathbb{R}$.

(i) *Aus* $\lambda \leq \mu$ *folgt* $E_\lambda \leq E_\mu$, *d.h. nach 31.2 (iv)* $E_\lambda E_\mu = E_\mu E_\lambda = E_\lambda$.

(ii) *Es gilt* $\lim_{\lambda \to -\infty} E_\lambda = 0$, $\lim_{\lambda \to +\infty} E_\lambda = \mathrm{Id}$ *im Sinne der schwachen (d. h. punktweisen) Konvergenz.*

(iii) *Die Abbildung* $\lambda \mapsto E_\lambda$ *ist rechtsseitig stetig bezüglich der schwachen Topologie, d. h.* $\lim_{\substack{\mu \to \lambda \\ \mu > \lambda}} E_\mu = E_\lambda$.

Wir schreiben eine Spektralschar meistens in der Form $\{E_\lambda\}_{\lambda \in \mathbb{R}}$ oder einfach $\{E_\lambda\}$.

Der *Träger* einer Spektralschar $\{E_\lambda\}_{\lambda \in \mathbb{R}}$ ist definiert als die abgeschlossene Hülle der Menge

$$\{\lambda \in \mathbb{R} \mid E_\lambda \neq 0, \mathrm{Id}\}.$$

Für uns sind im folgenden Spektralscharen mit *kompakten Trägern* besonders wichtig, d. h., es gibt $a, b \in \mathbb{R}$ mit $E_\lambda = 0$, falls $\lambda \leq a$ und $E_\lambda = \mathrm{Id}$ falls $\lambda \geq b$.

Satz 31.4. *Sei X ein $\mathbb{K}$-Hilbert-Raum und $\{E_\lambda\}_{\lambda \in \mathbb{R}}$ eine Spektralschar mit kompaktem Träger $\langle a, b \rangle$. Die Funktion $f: \langle a, b \rangle \to \mathbb{R}$ sei stetig. Dann gibt es genau einen hermiteschen Operator $A_f: X \to X$ mit*

$$\langle A_f x, x \rangle = \int_a^b f(\lambda) \, \mathrm{d} \langle E_\lambda x, x \rangle.$$

Beweis: Die Funktion $\lambda \mapsto \langle E_\lambda x, x \rangle$ ist monoton steigend, definiert also ein Lebesgue-Stieltjes-Maß. Jede stetige Funktion ist summierbar bezüglich dieses Maßes. Das Integral ist also für alle $x \in X$ und alle f definiert.

Sei $\{a = \gamma_0 < \gamma_1 < \cdots < \gamma_n = b\}$ eine Zerlegung des Intervalles $\langle a, b \rangle$. Für beliebige $\varrho_1, \ldots, \varrho_n \in \mathbb{R}$ gilt dann

(*) $\left\| \sum_{k=1}^n \varrho_k (E_{\gamma_k} - E_{\gamma_{k-1}}) \right\| \leq \left\| \operatorname*{Max}_k |\varrho_k| \sum_{k=1}^n (E_{\gamma_k} - E_{\gamma_{k-1}}) \right\| \leq \operatorname*{Max}_k |\varrho_k|,$

denn

$$\sum_{k=1}^n (E_{\gamma_k} - E_{\gamma_{k-1}}) = \mathrm{Id}.$$

Wie bei der Definition des Riemann-Integrales wählen wir nun eine ausgezeichnete Zerlegungsfolge $\{a = \gamma_0^{(i)} < \cdots < \gamma_{n_i}^{(i)} = b\}$ des Intervalles $\langle a, b \rangle$. („Ausgezeichnete Zerlegungsfolge" heißt

$$\{\gamma_0^{(i)}, \ldots, \gamma_{n_i}^{(i)}\} \subset \{\gamma_0^{(i+1)}, \ldots, \gamma_{n_{i+1}}^{(i+1)}\}$$

und

$$\lim_{i \to \infty} (\max_k (\gamma_k^{(i)} - \gamma_{k-1}^{(i)})) = 0.)$$

138 *Spektraldarstellung hermitescher und unitärer Operatoren*

Wegen der Stetigkeit von f können wir $\mu_k^{(i)}, \beta_k^{(i)} \in \langle \gamma_{k-1}^{(i)}, \gamma_k^{(i)} \rangle$ wählen mit

$$f(\mu_k^{(i)}) \leq f(\lambda) \leq f(\beta_k^{(i)})$$

für alle $\lambda \in \langle \gamma_{k-1}^{(i)}, \gamma_k^{(i)} \rangle$.

Dann folgt wegen der Stetigkeit von f leicht aus der Abschätzung (∗), daß die Folge $\{O_i\}_{i=1,2,\ldots}$ der „Obersummen"

$$O_i = \sum_{k=1}^{n_i} f(\beta_k^{(i)}) (E_{\gamma_k^{(i)}} - E_{\gamma_{k-1}^{(i)}})$$

eine Cauchy-Folge ist (die außerdem noch monoton fallend ist). Es sei A_f ihr Limes. Ebenso ist die Folge $\{U_i\}$ der „Untersummen"

$$U_i = \sum_{k=1}^{n_i} (f(\mu_k^{(i)})) (E_{\gamma_k^{(i)}} - E_{\gamma_{k-1}^{(i)}})$$

eine (monoton steigende) Cauchy-Folge, deren Grenzwert ebenfalls A_f ist, denn für genügend großes i ist nach (∗)

$$\|O_i - U_i\| \leq \operatorname*{Max}_k (f(\beta_k^{(i)}) - f(\mu_k^{(i)})) < \varepsilon.$$

Offenbar gilt

$$\langle A_f x, x \rangle = \int_a^b f(\lambda) \, d\langle E_\lambda x, x \rangle,$$

denn für stetiges f wird das Lebesgue-Stieltjes-Integral auf der rechten Seite durch die Riemannschen Summen

$$\sum_{k=1}^n f(\mu_k) \langle E_{\gamma_k} - E_{\gamma_{k-1}} x, x \rangle$$

approximiert.

Damit ist auch gezeigt, daß A_f unabhängig von der gewählten Zerlegungsfolge ist, denn dies gilt für alle $\langle A_f x, x \rangle$, und nach 22.12 ist ein hermitescher Operator A durch die Funktion $x \mapsto \langle A x, x \rangle$ eindeutig gekennzeichnet.

Bei dem Beweis des Satzes ist etwas mehr herausgekommen, als behauptet wurde, nämlich daß der Operator A_f Grenzwert (bzgl. der Normtopologie) einer Folge von Riemannschen Summen ist. Diesen Tatbestand drücken wir — wie beim Riemann-Integral üblich — durch folgende Schreibweise aus:

$$A_f = \int_a^b f(\lambda) \, dE_\lambda.$$

§ 32. Spektraldarstellung hermitescher Operatoren

Unser nächstes Ziel ist es, jedem hermiteschen Operator A eine Spektralschar zuzuordnen, derart daß $A = A_{\mathrm{Id}}$. Es sei wie in 30.6 ψ_A der durch Einsetzen von A in Funktionen erklärte ordnungserhaltende Isomorphismus
$$\psi_A : C(S(A), \mathbb{R}) \to \overline{\mathfrak{a}_{\mathbb{R}}(A)} =: \mathfrak{a}(A).$$
Sei
$$h^+(x) = \tfrac{1}{2}(|x| + x); \quad h^-(x) = \tfrac{1}{2}(|x| - x).$$
Wir definieren
$$A^+ = \psi_A(h^+), \quad A^- = \psi_A(h^-), \quad |A| = A^+ + A^-.$$
Diese drei hermiteschen Operatoren haben folgende Eigenschaften:
1. $A = A^+ - A^-$, denn ψ_A ist Isomorphismus.
2. $A^+ \geq 0$, $A^- \geq 0$, $|A| \geq 0$, $A^+ \geq A$, $A^- \geq -A$,
   denn ψ_A ist ordnungserhaltend.

Es sei E die orthogonale Projektion auf den Kern von A^+. Dann gilt
3. $A^+ E = 0$, also $E A^+ = 0$, denn $E A^+ = E^*(A^+)^* = (A^+ E)^* = 0$.
4. $A^+ A^- = A^- A^+ = 0$, also $A^- E = (A^-)^* E^* = (E A^-)^* = E A^- = A^-$;
   $AE = EA = -A^-$
   $A(\mathrm{Id} - E) = (\mathrm{Id} - E)A = A + A^- = A^+$.
5. Ist $A \geq 0$, so ist $A^+ = A$, $A^- = 0$ wie unmittelbar aus der Definition von A^+, A^- und $S(A) \subset \langle 0, \infty)$ folgt.

Die etwas schwieriger zu beweisenden Eigenschaften der Operatoren A, A^+, A^-, $|A|$, E fassen wir in folgendem Lemma zusammen

Lemma 32.1. (i) *Gilt für* $T \in L(X, X)$, *daß* $TA = AT$, *so folgt*
$TE = ET$.

(ii) *Ist T hermitesch mit $TA = AT$, $T \geq A$, $-A$, so gilt $T \geq |A|$.*

(iii) *Ist T hermitesch mit $TA = AT$, $T \geq 0$, so gilt*
$$T \geq A \Rightarrow T \geq A^+,$$
$$T \geq -A \Rightarrow T \geq A^-.$$

(iv) *Sind T, A, B hermitesch mit $TA = AT$, $TB = BT$, so gilt*
$$T \geq A, B \Rightarrow T \geq \tfrac{1}{2}(A + B + |A - B|),$$
$$T \leq A, B \Rightarrow T \leq \tfrac{1}{2}(A + B - |A - B|).$$

Beweis: (i) Zunächst eine Vorbemerkung: Aus dem Spektralsatz folgt, daß die Algebra $\overline{\mathfrak{a}(A)}$ enthalten ist im Zentrum des Zentralisators von A,

140 Spektraldarstellung hermitescher und unitärer Operatoren

d.h., gilt für $T \in L(X, X)$, daß $TA = AT$, so folgt $BT = TB$ für alle $B \in \overline{a(A)}$.

Deswegen gilt
$$A^+TE = TA^+E = 0,$$
also liegt $TE(X)$ im Kern von A^+, d.h. nach Definition von E
$$ETE = TE.$$

Es bleibt also zu zeigen: $ETE = ET$. Aus $TA^+ = A^+T$ folgt $A^+T^* = T^*A^+$. Ist $x \in (\text{Kern } A^+)^\perp$, $y \in \text{Kern } A^+$, so gilt also $A^+T^*y = 0$, also
$$\langle Tx, y \rangle = \langle x, T^*y \rangle = 0.$$
Daraus folgt
$$T((\text{Kern } A^+)^\perp) \subset (\text{Kern } A^+)^\perp,$$
d.h.
$$ET(\text{Id} - E) = 0.$$

(ii) Für hermitesche Operatoren A, B, C, D gilt wie unmittelbar aus Definition 22.9 folgt
$$A \geq C, \; B \geq D \;\Rightarrow\; A + B \geq C + D.$$
Ferner gilt
$$T \geq A \;\Rightarrow\; T(\text{Id} - E) \geq A(\text{Id} - E),$$
$$T \geq -A \;\Rightarrow\; TE \geq -AE,$$
also nach der gerade gemachten Bemerkung
$$T \geq A - 2AE = A^+ + A^- = |A|.$$

(iii) folgt unmittelbar aus (ii), aus der Definition von $A \geq B$ (22.9) und aus der Tatsache, daß A^+, A^- positiv sind.

(iv) Ist $T \geq A, B$, so folgt aus
$$T - \frac{1}{2}(A + B) \geq A - \frac{1}{2}(A + B) = \frac{1}{2}(A - B),$$
$$T - \frac{1}{2}(A + B) \geq B - \frac{1}{2}(A + B) = \frac{-1}{2}(A - B)$$

und (ii) die erste Ungleichung. Die andere Ungleichung erhält man, indem man T, A, B durch $-T, -A, -B$ ersetzt.

Satz 32.2. *Sei A hermitescher Operator auf dem $\mathbb{K}$-Hilbert-Raum X. Sei $A_\lambda = A - \lambda \text{Id}$ und E_λ die Projektion auf den Kern von A_λ^+, $\lambda \in \mathbb{R}$. Dann ist die Abbildung*
$$\mathbb{R} \to L(X, X), \quad \lambda \mapsto E_\lambda$$

eine Spektralschar mit beschränktem Träger. Diese Spektralschar nennen wir die zu A gehörige Spektralschar.

Bemerkung: Wir werden in Satz 32.5 noch eine Beschreibung des Operators E_λ kennenlernen, die man besser behalten kann, als die eben gegebene.

Beweis von Satz 32.2: (i) Sei $\lambda \leq \mu$, also $A_\lambda \geq A_\mu$, also $A_\lambda^+ \geq A_\mu$, also nach 32.1 (iii) $A_\lambda^+ \geq A_\mu^+ \geq 0$. Es folgt Kern $A_\mu^+ \supset$ Kern A_λ^+, also $E_\lambda \leq E_\mu$.

(ii) Sei $\lambda < -\|A\| = -\alpha$. Dann gilt nach 22.9 $A_\lambda = A - \lambda \mathrm{Id} \geq 0$, also $A_\lambda = A_\lambda^+$, also Kern $A_\lambda =$ Kern A_λ^+. Wegen

$$\langle A_\lambda x, x \rangle \geq \langle -(\alpha + \lambda) x, x \rangle > 0 \quad \text{für} \quad x \neq 0$$

folgt Kern $A_\lambda^+ = 0$, also $E_\lambda = 0$.

Ist $\lambda \geq \alpha$, so ist $A_\lambda \leq 0$, also $A_\lambda^+ = 0$, also $E_\lambda = \mathrm{Id}$.

(iii) Sei $P_\lambda = \lim\limits_{n \to \infty} \left(E_{\lambda + \frac{1}{n}} - E_\lambda \right)$ in der schwachen Topologie. Zu zeigen ist $P_\lambda = 0$. Wir verwenden das folgende Lemma mit $\mu = \lambda + \frac{1}{n}$ und lassen $n \to \infty$ gehen. Es folgt

$$\lambda P_\lambda \leq A P_\lambda \leq \lambda P_\lambda,$$

also $A P_\lambda = \lambda P_\lambda$, also $A_\lambda P_\lambda = 0$. Aus

$$A_\lambda^+ = (\mathrm{Id} - E_\lambda) A_\lambda,$$

folgt dann

$$A_\lambda^+ P_\lambda = 0,$$

d.h., $P_\lambda(X)$ liegt im Kern von A_λ^+, also

$$E_\lambda P_\lambda = P_\lambda.$$

Aus der Definition von P_λ folgt aber $E_\lambda P_\lambda = 0$, q.e.d.

Lemma 32.3. $\lambda \leq \mu \Rightarrow \lambda(E_\mu - E_\lambda) \leq A(E_\mu - E_\lambda) \leq \mu(E_\mu - E_\lambda)$.

Beweis: Es gilt $A_\mu^-(E_\mu - E_\lambda) = A_\mu^-(\mathrm{Id} - E_\lambda) \geq 0$, denn

$$\langle A_\mu^-(\mathrm{Id} - E_\lambda) x, x \rangle = \langle A_\mu^-(\mathrm{Id} - E_\lambda)^2 x, x \rangle$$
$$= \langle A_\mu^-(\mathrm{Id} - E_\lambda) x, (\mathrm{Id} - E_\lambda) x \rangle \geq 0.$$

Ferner ist wegen $E_\mu E_\lambda = E_\lambda$

$$A_\mu^-(E_\mu - E_\lambda) = (\mu \mathrm{Id} - A)(E_\mu)(E_\mu - E_\lambda) = (\mu \mathrm{Id} - A)(E_\mu - E_\lambda).$$

Also ist
$$A(E_\mu - E_\lambda) \leqq \mu(E_\mu - E_\lambda),$$
womit die eine Ungleichung der Behauptung schon bewiesen ist. Ferner gilt
$$A_\lambda^+ (E_\mu - E_\lambda) \geqq 0,$$
$$A_\lambda^+ = A_\lambda(\mathrm{Id} - E_\lambda),$$
also
$$0 \leqq A_\lambda^+ (E_\mu - E_\lambda) = A_\lambda(\mathrm{Id} - E_\lambda)(E_\mu - E_\lambda)$$
$$\leqq (A - \lambda\,\mathrm{Id})(E_\mu - E_\lambda).$$

Dies ist gleichbedeutend mit der anderen Ungleichung.

Wir kommen nun zu dem Hauptergebnis dieses Paragraphen, der sogenannten *Spektraldarstellung*.

Satz 32.4. *Sei A hermitescher Operator und $\{E_\lambda\}_{\lambda \in \mathbb{R}}$ die zugehörige Spektralschar. Dann gilt für jede stetige Funktion $f \colon \mathbb{R} \to \mathbb{R}$*
$$f(A) = A_f = \int f(\lambda)\,\mathrm{d}E_\lambda.$$

Beweis: Sei $a < -\|A\|$; $\|A\| < b$.

(i) Wir führen den Beweis zunächst für $f = \mathrm{Id}$. Es sei
$$\mathfrak{Z} = \{a = \mu_0 < \mu_1 < \cdots < \mu_n = b\}$$
eine Zerlegung des Intervalles $\langle a, b \rangle$. Nach Lemma 32.3 gilt
$$\sum_{k=1}^n \mu_{k-1}(E_{\mu_k} - E_{\mu_{k-1}}) \leqq \sum_{k=1}^n A(E_{\mu_k} - E_{\mu_{k-1}}) \leqq \sum_{k=1}^n \mu_k(E_{\mu_k} - E_{\mu_{k-1}}).$$

Das mittlere Glied dieser Ungleichung ist gleich A. Es gilt also
$$\left(\sum_{k=1}^n \mu_k(E_{\mu_k} - E_{\mu_{k-1}})\right) - A \leqq \sum_{k=1}^n (\mu_k - \mu_{k-1})(E_{\mu_k} - E_{\mu_{k-1}})$$
also
$$\left\|\left(\sum_{k=1}^n \mu_k(E_{\mu_k} - E_{\mu_{k-1}})\right) - A\right\| \leqq \left\|\sum_{k=1}^n (\mu_k - \mu_{k-1})(E_{\mu_k} - E_{\mu_{k-1}})\right\|$$
$$\leqq \|\mathrm{Max}(\mu_k - \mu_{k-1}) \sum E_{\mu_k} - E_{\mu_{k-1}}\| = \mathrm{Max}(\mu_k - \mu_{k-1}).$$

Für genügend feine Zerlegungen unterscheiden sich die Riemannschen Summen also beliebig wenig von A.

Spektraldarstellung hermitescher Operatoren

(ii) Um die Behauptung für Polynome zu beweisen, hat man im wesentlichen folgende Identität zu benutzen:

$$(E_{\mu_k} - E_{\mu_{k-1}})(E_{\mu_l} - E_{\mu_{l-1}}) = \begin{cases} 0 & \text{falls } k \neq l \\ E_{\mu_k} - E_{\mu_{k-1}} & \text{falls } k = l. \end{cases}$$

Sei zunächst speziell $f(x) = x^r$, $r = 1, 2, \ldots$ Liegt die Riemannsche Summe

$$\sum_{k=1}^{n} \mu_k (E_{\mu_k} - E_{\mu_{k-1}})$$

genügend dicht an A, so liegt wegen der Stetigkeit der Operatormultiplikation

$$\left(\sum_{k=1}^{n} \mu_k (E_{\mu_k} - E_{\mu_{k-1}}) \right)^r = \sum_{k=1}^{n} \mu_k^r (E_{\mu_k} - E_{\mu_{k-1}})$$

dicht an A^r. Damit ist die Behauptung für f bewiesen und folgt unmittelbar für beliebige Polynome.

(iii) Sei nun f eine beliebige stetige Funktion. Nach dem Weierstraßschen Approximationssatz (Anhang I) gibt es dann ein Polynom P mit

$$\|f - P\| = \underset{x \in \langle a,b \rangle}{\text{Max}} |f(x) - P(x)| < \frac{\varepsilon}{3}.$$

Nach der Dreiecksungleichung gilt

$$\|\sum f(\mu_k)(E_{\mu_k} - E_{\mu_{k-1}}) - f(A)\|$$
$$\leq \|\sum P(\mu_k)(E_{\mu_k} - E_{\mu_{k-1}}) - P(A)\| + \|P(A) - f(A)\|$$
$$+ \|\sum (f(\mu_k) - P(\mu_k))(E_{\mu_k} - E_{\mu_{k-1}})\|.$$

Nach Wahl des Polynoms P sind die beiden letzten Summanden kleiner als $\varepsilon/3$. Wählt man die Zerlegung genügend fein, so wird nach dem schon Bewiesenen auch der erste Summand kleiner als $\varepsilon/3$; q.e.d.

Wir beweisen nun, daß die Spektralschar durch den letzten Satz über die Spektraldarstellung eindeutig gekennzeichnet ist und geben dabei zugleich eine andere Charakterisierung der E_λ.

Satz 32.5. *Es sei $\{E_\lambda\}_{\lambda \in \mathbb{R}}$ eine Spektralschar mit beschränktem Träger und $A = A_{\text{Id}}$. Dann ist $\{E_\lambda\}_{\lambda \in \mathbb{R}}$ die zu A gehörige Spektralschar im Sinne von Satz 32.4. Es sei $h_{\lambda,n}$ definiert, wie in der Skizze angegeben. Dann gilt*

$$E_\lambda = \lim_{n \to \infty} h_{\lambda,n}(A)$$

in der schwachen Topologie.

144 Spektraldarstellung hermitescher und unitärer Operatoren

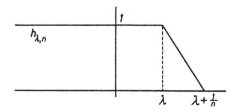

Beweis: Wie der Beweis des letzten Satzes zeigt, folgt aus

$$A = \int_{\mathbb{R}} \lambda \, dE_\lambda$$

für beliebige stetige Funktionen f

$$f(A) = \int_{\mathbb{R}} f(\lambda) \, dE_\lambda.$$

Es sei wieder $a < -\|A\|$, $b > \|A\|$.

Wir können also eine ausgezeichnete Zerlegungsfolge $\mathfrak{Z}_n$

$$\mathfrak{Z}_n = \{a = \mu_{0,n} < \mu_{1,n} < \cdots < \mu_{r_n,n} = b\}$$

von $\langle a, b \rangle$ finden, so daß die Feinheit von $\mathfrak{Z}_n$ kleiner als $1/n$ ist und so daß

$$\left\| \sum_{k=1}^{r_n} h_{\lambda,n}(\mu_{k-1,n})(E_{\mu_{k,n}} - E_{\mu_{k-1,n}}) - h_{\lambda,n}(A) \right\| < \frac{1}{n}.$$

Es gilt folgende Ungleichung:

$$E_\lambda = E_\lambda \left(\sum_{k=1}^{r_n} (E_{\mu_{k,n}} - E_{\mu_{k-1,n}}) \right)$$

$$\leq \sum_{k=1}^{r_n} h_{\lambda,n}(\mu_{k-1,n})(E_{\mu_{k,n}} - E_{\mu_{k-1,n}})$$

$$\leq \sum_{\mu_{k-1,n} < \lambda + \frac{1}{n}} (E_{\mu_{k,n}} - E_{\mu_{k-1,n}}) \leq E_{\lambda + \frac{2}{n}}$$

Für $n \to \infty$ konvergiert $E_{\lambda + \frac{2}{n}}$ schwach gegen E_λ, d.h.

$$E_\lambda = \lim_{n \to \infty} h_{\lambda,n}(A)$$

im Sinne der schwachen Konvergenz.

Die Spektralschar $\{E_\lambda\}$ ist also durch den Operator $\int E_\lambda d\lambda$ eindeutig bestimmt. Zusammen mit 32.4 folgt die Behauptung.

Wir fassen den wesentlichen Inhalt der Sätze 32.4 und 32.5 noch einmal zusammen: Stetige hermitesche Operatoren und Spektralscharen mit kompaktem Träger stehen in eineindeutiger Beziehung. Ist A hermitescher Operator und $\{E_\lambda\}$ die zugehörige Spektralschar, so können wir A aus $\{E_\lambda\}$ wiedergewinnen, nämlich $A = \int \lambda\, dE_\lambda$. Ist andererseits $\{E_\lambda\}$ eine Spektralschar mit kompaktem Träger und $A = \int \lambda\, dE_\lambda$, so können wir $\{E_\lambda\}$ aus A wiedergewinnen; $\{E_\lambda\}$ ist nämlich die im Sinne von Satz 32.2 zu A gehörige Spektralschar.

Zu den Eigenschaften einer Spektralschar $\{E_\lambda\}$ gehörte die rechtsseitige Stetigkeit in der schwachen Topologie. Im allgemeinen ist jedoch

$$\lim_{n \to \infty} E_{\lambda - \frac{1}{n}} = E_{\lambda-} \ne E_\lambda.$$

Wir definieren

$$Q_\lambda = E_\lambda - E_{\lambda-}.$$

Satz 32.6. *Es ist $Q_\lambda(X)$ der zu $\lambda \in \mathbb{R}$ gehörige Eigenraum des Operators A, insbesondere sind die Unstetigkeitsstellen der zu A gehörigen Spektralschar genau die Eigenwerte von A.*

Beweis: Es gilt nach 32.3

$$\left(\lambda - \frac{1}{n}\right)\left(E_\lambda - E_{\lambda-\frac{1}{n}}\right) \leq A\left(E_\lambda - E_{\lambda-\frac{1}{n}}\right) \leq \lambda\left(E_\lambda - E_{\lambda-\frac{1}{n}}\right).$$

$n \to \infty$ liefert

$$\lambda Q_\lambda \leq A Q_\lambda \leq \lambda Q_\lambda, \quad \text{d.h.} \quad (A - \lambda \operatorname{Id}) Q_\lambda = 0.$$

Also liegt $Q_\lambda(X)$ im Eigenraum zu λ.

Der Beweis der umgekehrten Inklusion ist etwas schwieriger. Es ist zu zeigen:

$$A x = \lambda x \;\Rightarrow\; Q_\lambda(x) = x.$$

146 *Spektraldarstellung hermitescher und unitärer Operatoren*

Wegen $A - \lambda \operatorname{Id}$ hermitesch gilt (Beweis!)

$$(A - \lambda)x = 0 \Leftrightarrow (A - \lambda)^2 x = 0 \Leftrightarrow \int_{-\infty}^{+\infty} (t - \lambda)^2 \, d\langle E_t x, x \rangle = 0.$$

Wir spalten das Integral in drei Teile auf

$$0 = \int_{-\infty}^{\lambda - \varepsilon} + \int_{\lambda - \varepsilon}^{\lambda + \varepsilon} + \int_{\lambda + \varepsilon}^{\infty}.$$

Da alle drei positiv sind, muß jedes von ihnen verschwinden.

$$0 = \int_{-\infty}^{\lambda - \varepsilon} (t - \lambda)^2 \, d\langle E_t x, x \rangle \geq \varepsilon^2 \int_{-\infty}^{\lambda - \varepsilon} d\langle E_t x, x \rangle = \varepsilon^2 \langle E_{\lambda - \varepsilon} x, x \rangle.$$

Also ist $\langle E_{\lambda - \varepsilon} x, x \rangle = 0$, also $E_{\lambda - \varepsilon} x = 0$. Genauso ergibt sich durch Betrachtung des Integrales $\int_{\lambda + \varepsilon}^{\infty}$, daß $(1 - E_{\lambda + \varepsilon}) x = 0$. Also ist

$$x = E_{\lambda + \varepsilon} x - E_{\lambda - \varepsilon} x.$$

Mit $\varepsilon \to 0$ folgt $x = Q_\lambda x$, q.e.d.

Wir geben noch eine einfache Anwendung der Spektraldarstellung:

Satz 32.7 (Lemma von SCHUR). *Sei $\mathfrak{B} \subset L(X, X)$ ein irreduzibles System, d.h. ist L abgeschlossener Teilraum von X, und gilt für alle $B \in \mathfrak{B}$, daß $B(L) \subset L$, so folgt $L = \{0\}$ oder $L = X$. Ist der Operator A hermitesch und mit allen Operatoren aus $\mathfrak{B}$ vertauschbar, so ist $A = \lambda \operatorname{Id}$.*

Beweis: Wäre $A \neq \lambda \operatorname{Id}$, so enthielte das Spektrum wenigstens zwei Punkte x, y.

Wähle $f, g: \mathbb{R} \to \mathbb{R}$, wie in der Skizze angedeutet:

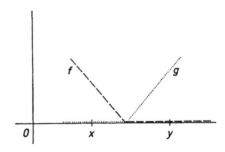

Wegen $f \cdot g = 0$ gilt $g(A) \cdot f(A) = 0$.

$$f(x) \neq 0 \Rightarrow \{0\} \neq f(A)(X),$$
$$g(y) \neq 0 \Rightarrow \{0\} \neq g(A)(X).$$

Dann ist $f(A)(X) \neq X$, denn sonst könnte nicht $g(A) \cdot f(A) = 0$ sein. Da A mit allen Operatoren aus $\mathfrak{B}$ vertauschbar ist, gilt das auch für $f(A)$. Dann gilt für alle $B \in \mathfrak{B}$

$$B\overline{(f(A)(X))} \subset \overline{f(A)(X)}.$$

Widerspruch!

§ 33. Spektraldarstellung unitärer Operatoren

Sei X ein komplexer Hilbert-Raum. Ein unitärer Operator U ist durch die Eigenschaften

$$UU^* = U^*U = \text{Id}$$

oder

$$\langle Ux, Uy \rangle = \langle x, y \rangle \quad \text{für alle} \quad x, y \in X$$

gekennzeichnet. Es gilt $\|U\| = 1$, und wie wir in 30.4 gesehen haben, ist das Spektrum von U enthalten im Einheitskreis $S = \{z \in \mathbb{C} \mid |z| = 1\}$ der komplexen Ebene. Wir wollen jetzt eine zu 32.4 analoge Spektraldarstellung für unitäre Operatoren ableiten. Dies kann sehr einfach dadurch geschehen, daß man folgenden Satz beweist:

Satz 33.1. *Sei X komplexer Hilbert-Raum und U ein unitärer Operator. Dann gibt es einen hermiteschen Operator A mit $S(A) \subset \langle -\pi, \pi \rangle$ derart, daß*

$$U = \exp(iA) = \cos A + i \sin A.$$

(Dabei sind die Operatoren $\cos A$, $\sin A$ auf Grund des Spektralsatzes durch „Einsetzen" von A in $\cos|_{S(A)}$ bzw. $\sin|_{S(A)}$ erklärt.)

Bevor wir diesen Satz beweisen, formulieren wir den sich daraus ergebenden Spektralsatz:

Satz 33.2. *Es sei X ein $\mathbb{C}$-Hilbert-Raum und U ein unitärer Operator auf X. Dann gibt es eine Spektralschar $\{E_\lambda\}_{\lambda \in \mathbb{R}}$, deren Träger enthalten ist in $\langle -\pi, \pi \rangle$, so daß*

$$U = \int_{-\pi}^{\pi} \cos \lambda \, dE_\lambda + i \int_{-\pi}^{\pi} \sin \lambda \, dE_\lambda.$$

Für jede stetige Funktion $f: S \to \mathbb{C}$ gilt

$$f(U) = f|_{S(U)}(U) = \int_{-\pi}^{\pi} f(e^{i\lambda}) \, dE_\lambda.$$

148 Spektraldarstellung hermitescher und unitärer Operatoren

Beweis: Es sei $\{E_\lambda\}_{\lambda \in \mathbb{R}}$ die Spektralschar des hermiteschen Operators A mit $U = \exp(iA)$. Die Behauptung folgt dann unmittelbar aus dem Spektralsatz für hermitesche Operatoren.

Dem Beweis von Satz 33.1 schicken wir einige einfache Bemerkungen voraus:

Ist A ein hermitescher Operator, so ist jedenfalls der Operator

$$U = \cos A + i \sin A$$

unitär, denn

$$UU^* = (\cos A + i \sin A)(\cos A - i \sin A) = (\cos A)^2 + (\sin A)^2$$
$$= (\cos^2 + \sin^2)(A) = \mathrm{Id}.$$

Ist $h(z) = \sum_{n=0}^{\infty} a_n z^n$, $a_n \in \mathbb{C}$ eine absolut konvergente Potenzreihe für $|z| \leq k$ und gilt $\|A\| \leq k$, so konvergiert auch die Reihe $\sum_{n=0}^{\infty} a_n A^n$.

Ist A hermitesch und sind alle a_n reell, so ist auch $\sum a_n A^n$ als Grenzwert einer Folge von hermiteschen Operatoren (nämlich der Partialsummen) hermitesch. Außerdem gilt $h(A) = \sum a_n A^n$. (Dabei ist wie immer $h(A)$ durch Einsetzen des Operators A in die stetige Funktion $h|_{S(A)}$ definiert.) Diese letzte Behauptung folgt aus dem Spektralsatz, denn auf dem Spektrum von A konvergiert die Folge der Partialsummen $\sum_{n=0}^{N} a_n z^n$ gleichmäßig gegen $h(z)$.

Ist $FA = AF$, so gilt wegen der Stetigkeit der Multiplikation auch $h(A)F = Fh(A)$. Ferner gilt offensichtlich

$$\|h(A)x\| \leq \sum_{n=0}^{\infty} |a_n| k^n \|x\|, \quad \text{d.h.} \quad \|h(A)\| \leq \sum_{n=0}^{\infty} |a_n| k^n.$$

Ist λ Eigenwert von A, d.h. $Ax = \lambda x$, so ist wegen $A^n x = \lambda^n x$ die Zahl $h(\lambda)$ Eigenwert von $h(A)$.

Lemma 33.4. *Es seien W, T vertauschbare hermitesche Operatoren mit $W^2 = T^2$. Es sei P der Projektionsoperator auf $\mathrm{Kern}(W - T)$. Dann hat P folgende Eigenschaften:*

(i) *Jeder Operator, der mit $(W - T)$ vertauschbar ist, ist auch mit P vertauschbar.*

(ii) $Wx = 0 \Rightarrow Px = x$.

(iii) $W = (2P - \mathrm{Id})T$.

Beweis: (i) wurde schon früher bewiesen (wo?).

(ii) Aus W, T hermitesch und $W^2 = T^2$ folgt $\|Wx\| = \|Tx\|$. Also $\|Wx\| = 0 \Rightarrow \|Tx\| = 0 \Rightarrow (W-T)x = 0 \Rightarrow Px = x$.

(iii) Aus $(W-T)(W+T) = 0$ und der Definition von P folgt $P(W+T) = W+T$. Aus dieser Gleichung und $(W-T)P = 0$ folgt wegen der Vertauschbarkeit von P mit W und T

$$2TP = W+T \quad \text{also} \quad W = (2P - \text{Id})T.$$

Beweis von Satz 33.1: Es sei

$$V = \tfrac{1}{2}(U+U^*), \quad W = \frac{-i}{2}(U-U^*).$$

Dann sind V, W vertauschbare hermitesche Operatoren mit $-1 \leq V$, $W \leq 1$, und es gilt

$$U = V + iW, \quad U^* = V - iW;$$
$$V^2 + W^2 = \text{Id}; \quad \|V\|, \|W\| \leq 1.$$

Es sei für einen hermiteschen Operator B mit $\|B\| \leq 1$

$$\arcsin B = B + \tfrac{1}{6}B^3 + \cdots$$

$$\arccos B = \frac{\pi}{2}\text{Id} \cdot \arcsin B = \frac{\pi}{2}\text{Id} - B - \frac{1}{6}B^3 - \cdots.$$

Natürlich gilt $B = \cos(\arccos B)$ etc. Wir definieren

$$T = \sin(\arccos V) = f(V)$$

mit $f(x) = {}_+\sqrt{1-x^2}$.

T ist eine Potenzreihe in V, also mit V und W vertauschbar; T ist offenbar hermitesch. Ferner gilt

$$V^2 + T^2 = V^2 + f^2(V) = \text{Id},$$

also $T^2 = W^2$. Wir können nun das Lemma anwenden und erhalten mit dem dort definierten P

$$W = (2P - \text{Id})T,$$
$$Px = x \quad \text{für} \quad Wx = 0.$$

P und V sind vertauschbar. Nun können wir den gesuchten Operator A definieren

$$A = (2P - \text{Id})(\arccos V)$$

150 Spektraldarstellung hermitescher und unitärer Operatoren

Offenbar ist A hermitesch und $\|A\| \leq \pi$. Um die in Satz 33.1 behaupteten Eigenschaften von A abzuleiten, definieren wir die Potenzreihen $h_1(z)$, $h_2(z)$ durch

$$\cos z = 1 - \frac{1}{2!} z^2 + - \cdots = h_1(z^2),$$

$$\sin z = z - \frac{1}{3!} z^3 + - \cdots = z h_2(z^2).$$

Dann gilt wegen $A^2 = (2P - \mathrm{Id})^2 (\arccos V)^2 = (\arccos V)^2$

$$\cos A = h_1(A^2) = h_1((\arccos V)^2) = \cos(\arccos V) = V,$$
$$\sin A = A h_2(A^2) = (2P - \mathrm{Id})(\arccos V) h_2((\arccos V)^2)$$
$$= (2P - \mathrm{Id}) \sin \arccos(V) = (2P - \mathrm{Id}) T = W,$$

also
$$\exp(iA) = \cos A + i \sin A = V + iW = U, \quad \text{q.e.d.}$$

§ 34. Die Wegzusammenhangs-Komponenten der unitären Gruppe und der Menge der Fredholm-Operatoren

In diesem Paragraphen ist bei allen Untersuchungen die Normtopologie zugrunde gelegt.

Satz 34.1. *Sei X ein komplexer Hilbert-Raum. Dann ist die Gruppe $\mathfrak{U}(X)$ der unitären Operatoren von X wegweise zusammenhängend* (vgl. Anhang I).

Beweis: Es genügt zu zeigen, daß ein beliebiger unitärer Operator U mit Id durch einen stetigen Weg verbunden werden kann. Es sei $U = \cos A + i \sin A$ mit A hermitesch. Für $t \in \langle 0, 1 \rangle$ sei

$$U_t = \cos tA + i \sin tA.$$

Nach dem Spektralsatz ist $t \mapsto U_t$ stetig. Ferner ist U_t unitär, und es gilt $U_0 = \mathrm{Id}$, $U_1 = U$, q.e.d.

Korollar 34.2. *Sei X ein $\mathbb{C}$-Hilbert-Raum. Dann ist die Gruppe $GL(X)$ der invertierbaren stetigen Operatoren von X in X wegweise zusammenhängend.*

Beweis: Sei A invertierbar; dann ist A^*A invertierbar, hermitesch und ≥ 0. Nach 30.7 gibt es einen positiven hermiteschen invertierbaren Operator B mit $B^2 = A^*A$. Dann ist $U = AB^{-1}$ unitär und $A = UB$.

Es kann nach dem letzten Satz U mit Id durch einen stetigen Weg $t \mapsto U_t$ im Raum der unitären Operatoren verbunden werden, d. h.

Die Wegzusammenhangs-Komponenten der unitären Gruppe 151

$U_0 = U$; $U_1 = Id$. Es kann B mit Id durch den Weg

$$t \mapsto t\,\text{Id} + (1-t)B = B_t,$$
$$B_0 = B; \quad B_1 = \text{Id}$$

verbunden werden. Da B positiv und invertierbar ist, ist nach dem Spektralsatz auch B_t invertierbar. Nun ist

$$t \mapsto U_t B_t$$

ein stetiger Weg, der A mit Id verbindet.

Tatsächlich gilt noch viel mehr als in Satz 34.1 gesagt, nämlich:

Satz 34.3 (KUIPER). *Sei X unendlich-dimensionaler separabler Hilbert-Raum. Dann ist $\mathfrak{U}(X)$ zusammenziehbar* (d. h., es gibt eine stetige Abbildung

$$F: \mathfrak{U}(X) \times \langle 0, 1 \rangle \to \mathfrak{U}(X)$$

mit

$$F(U, 0) = U \quad \text{und} \quad F(U, 1) = \text{Id}).$$

Dieser Satz ist falsch für endlich-dimensionale $\mathbb{C}$-Hilbert-Räume. Er ist von Wichtigkeit für die Beziehungen zwischen algebraischer Topologie und Funktionalanalysis. Obwohl der Beweis recht elementar ist, können wir ihn im Rahmen dieser Vorlesung nicht bringen.

Wir untersuchen nun die Wegzusammenhangs-Komponenten des Raumes $F(X, Y)$ der Fredholm-Operatoren des $\mathbb{C}$-Hilbert-Raumes X in den $\mathbb{C}$-Hilbert-Raum Y. Nach Satz 25.2 (ii) gehören Operatoren mit verschiedenen Indizes jedenfalls zu verschiedenen Wegzusammenhangs-Komponenten.

Lemma 34.4. *Es seien X, Y komplexe Hilbert-Räume, $T: X \to Y$ ein Fredholm-Operator mit $\text{ind}\,T \geq 0$. Sei V ein Unterraum von X der Dimension $\text{ind}\,T$.*

Dann gibt es einen Fredholm-Operator $T_1: X \to Y$ mit $\text{Kern}\,T_1 = V$ und $\text{ind}\,T_1 = \text{ind}\,T$ (also $\text{Cokern}\,T_1 = \{0\}$), so daß T und T_1 in $F(X, Y)$ durch einen Weg verbindbar sind.

Beweis: Wegen $\text{ind}\,T \geq 0$ gibt es einen Teilraum $W \subset \text{Kern}\,T$ mit $\dim W = \dim T(X)^{\perp}$. Es gibt einen Operator $P: X \to Y$ mit $P|_{W^{\perp}} = 0$ und so, daß $P|_W: W \to T(X)^{\perp}$ ein Isomorphismus ist. Also ist P kompakt, daher $T' = T + P$ ein Fredholm-Operator. Nun ist $T + P$ surjektiv, und T ist mit T' durch $\lambda \mapsto T + \lambda P$, $\lambda \in \langle 0, 1 \rangle$ verbindbar. Also gilt

$$\dim \text{Kern}\,T' = \text{ind}\,T = \dim V.$$

Es existiert ein unitärer Operator $U: X \to X$ mit $U(V) = \operatorname{Kern} T'$.
Dann ist $T_1 = T'U$ ein Fredholm-Operator mit $\operatorname{Kern} T_1 = V$. Da U in
$\mathfrak{U}(X)$ mit Id durch einen Weg verbunden werden kann, kann T_1 mit T',
also mit T in $F(X, Y)$ verbunden werden.

Satz 34.5. *Es seien X, Y komplexe Hilbert-Räume, $T_1, T_2: X \to Y$
Fredholm-Operatoren mit gleichem Index. Dann sind T_1 und T_2 durch
einen Weg in $F(X, Y)$ verbindbar.*

Beweis: Wir nehmen an, $\operatorname{ind} T_1 = \operatorname{ind} T_2 \geq 0$.

Nach dem letzten Lemma können wir o.B.d.A. annehmen, daß
$\operatorname{Kern} T_1 = \operatorname{Kern} T_2 = V$ und daß T_1 und T_2 surjektiv sind. Dann ist
$A_0 = (T_1|_{V^\perp})^{-1} \circ (T_2|_{V^\perp}): V^\perp \to V^\perp$ eine stetige bijektive Abbildung.
Da die Gruppe der invertierbaren Abbildungen von $V^\perp$ auf $V^\perp$ wegzusammenhängend ist, kann man A_0 und $A_1 = \operatorname{Id}_{V^\perp}$ durch einen Weg
$t \mapsto A_t$; $A_t \in GL(V^\perp)$ verbinden.

Es sei nun $P: X \to V^\perp$ die orthogonale Projektion. Da P ein Fredholm-
Operator ist, ist auch

$$T_1 A_t P: X \to Y, \quad t \in \langle 0, 1 \rangle$$

ein Fredholm-Operator, und es gilt

$$T_1 A_0 P = T_2; \quad T_1 A_1 P = T_1,$$

d.h., T_1 und T_2 sind durch einen Weg verbindbar. Ist $\operatorname{ind} T_1 \leq 0$, so
betrachten wir die Operatoren $T_1^*, T_2^*: Y \to X$. Wegen $\operatorname{ind} T = -\operatorname{ind} T^*$
sind sie nach dem schon bewiesenen durch einen Weg verbindbar.
Unter * wird dieser Weg ein Weg zwischen T_1 und T_2.

Übungsaufgaben

1. Formuliere die Sätze über die Spektraldarstellung für endlich-dimensionale Räume und beweise sie mit den Methoden der linearen Algebra.

2. A sei hermitescher Operator. Dann ist $U: \mathbb{R} \to \mathfrak{U}(X)$, $t \mapsto \exp(itA)$
ein stetiger Homomorphismus bezüglich der schwachen Topologie von
$L(X, X)$. Die Ableitung von U im Nullpunkt ist iA, genauer: Für
alle $x \in X$ gilt

$$\lim_{t \to 0} \left(\frac{1}{t}(U_t - U_0) - iA \right) x = 0.$$

(Wende die Spektraldarstellung an.)

KAPITEL X

Spektraldarstellung nicht überall definierter hermitescher Operatoren

Hauptziel dieses Kapitels ist die Ableitung der Spektraldarstellung für „hermitesche" Operatoren, die nicht auf dem ganzen Hilbert-Raum X, sondern nur auf einem dichten Teilraum definiert sind. Zunächst wird die Theorie solcher Operatoren entwickelt, und insbesondere werden symmetrische und hermitesche Operatoren definiert. Die Spektraldarstellung erhalten wir mittels der Cayley-Transformation, die einem nicht überall definierten hermiteschen Operator einen überall definierten unitären Operator zuordnet, dessen Spektraldarstellung wir schon aus dem letzten Kapitel kennen.

§ 35. Symmetrische Operatoren. Die Cayley-Transformierte

Wie bisher sei X ein $\mathbb{K}$-Hilbert-Raum. Bisher haben wir nur solche linearen Operatoren betrachtet, die auf ganz X definiert und stetig waren. Viele wichtige Operatoren haben diese Eigenschaften jedoch nicht. Zum Beispiel ist nicht für alle quadratintegrierbaren Funktionen auf $(0, 1)$ die Ableitung d/dx definiert. Auch ist der Differentiations-Operator d/dx nicht beschränkt bezüglich der Norm von $L^2(0, 1)$, z.B. gilt für $f_n(x) = \exp(2\pi i n x)$, daß $\|f_n\| = 1$, aber

$$\frac{d}{dx} f_n(x) = 2\pi i n \exp(2\pi i n x),$$

also

$$\left\| \frac{d}{dx} f_n \right\| = 2\pi n.$$

Definition 35.1. *Wir nennen A einen linearen Operator* in X, *wenn A eine auf einem Untervektorraum D_A von X definierte lineare Abbildung von D_A in X ist.*

Zur Untersuchung solcher Operatoren zieht man zweckmäßigerweise ihren Graphen heran:

$$\Gamma_A = \{(x, y) \in X \times X \mid x \in D_A;\ y = A x\}$$

heißt *Graph* von A. Offensichtlich gilt

(i) Γ_A ist Untervektorraum von $X \times X$.

(ii) a) $(0, h) \in \Gamma_A \Leftrightarrow h = 0$.

    b) $(x, y_1), (x, y_2) \in \Gamma_A \Rightarrow y_1 = y_2$.

(a) und b) sind gleichbedeutend.)

154 Spektraldarstellung nicht überall definierter hermitescher Operatoren

Ist ein Untervektorraum L von $X \times X$ gegeben, der (ii) erfüllt, so definiert L in offensichtlicher Weise einen linearen Operator A in X, der auf der Projektion von L auf den ersten Faktor von $X \times X$ definiert ist.

Der lineare Operator A' heißt *Erweiterung* von A, wenn $\Gamma_A \subset \Gamma_{A'}$. Wir schreiben dann auch einfach $A \subset A'$. Natürlich gilt $A'|_{D_A} = A$.

$X \times X$ ist in kanonischer Weise ein Hilbert-Raum. Das Skalarprodukt ist definiert durch

$$\langle (x_1, y_1), (x_2, y_2) \rangle = \langle x_1, x_2 \rangle + \langle y_1, y_2 \rangle.$$

Definition 35.2. *Sei A linearer Operator in X.*

(i) A *heißt abgeschlossen* $\Leftrightarrow \Gamma_A$ *ist abgeschlossen in* $X \times X$.

(ii) A *heißt isometrisch* $\Leftrightarrow \langle Ax, Ay \rangle = \langle x, y \rangle$ *für alle* $x, y \in D_A$.

Aus dem Satz vom abgeschlossenen Graphen folgt: *Ist $D_A = \overline{D}_A$, so ist A stetig genau dann, wenn A abgeschlossen ist.*

Wir wollen nun zu einem linearen Operator den adjungierten definieren. Das geschieht mit Hilfe des Operators

$$U: X \times X \to X \times X; \quad (x, y) \mapsto (-y, x).$$

Offenbar ist U isometrisch und surjektiv, also unitär.

Definition 35.3. *Sei A linearer Operator in X mit $\overline{D}_A = X$. Es sei A^* definiert durch $\Gamma_{A^*} = (U \Gamma_A)^\perp$. Dann heißt A^* der adjungierte Operator zu A.*

Diese Definition ist sinnvoll, denn

$$(x, y) \in \Gamma_{A^*} \Leftrightarrow \langle x, -Au \rangle + \langle y, u \rangle = 0 \quad \text{für alle} \quad u \in D_A,$$

also insbesondere

$$(0, y) \in \Gamma_{A^*} \Leftrightarrow \langle y, u \rangle = 0 \quad \text{für alle} \quad u \in D_A,$$

also $y = 0$, da D_A dicht in X ist.

Im Falle $D_A = X$ und A stetig, stimmt diese Definition mit der ursprünglichen überein:

$$\langle x, Au \rangle = \langle A^*x, u \rangle \quad \text{für alle} \quad x, u.$$

Lemma 35.4. *Sei A linearer Operator in X und $\overline{D}_A = X$. Dann ist A^* abgeschlossen.*

Beweis: Für festes u ist die Abbildung

$$(x, y) \mapsto \langle x, -Au \rangle + \langle y, u \rangle$$

Symmetrische Operatoren. Die Cayley-Transformierte 155

stetig, d.h., ihr Kern
$$\{(x, y) \mid \langle x, Au\rangle = \langle y, u\rangle\}$$
ist abgeschlossen. Also ist
$$\Gamma_{A^*} = \bigcap_{u \in D_A} \{(x, y) \mid \langle x, Au\rangle = \langle y, u\rangle\}$$
abgeschlossen.

Lemma 35.5. *Sei A abgeschlossener linearer Operator in X und $\overline{D}_A = X$. Dann gilt*
$$\overline{D}_{A^*} = X \quad und \quad A^{**} = A.$$

Beweis: Wäre D_{A^*} nicht dicht in X, so gäbe es $h \neq 0$ mit $h \perp D_{A^*}$, also $(0, h) \perp U(\Gamma_{A^*})$, also
$$(0, h) \in (U(\Gamma_{A^*}))^{\perp} = (U(U(\Gamma_A))^{\perp})^{\perp} = \Gamma_A.$$

Die erste Gleichung folgt sofort aus Definition 35.3, die zweite Gleichung ist gleichbedeutend mit
$$U(\Gamma_A)^{\perp} = U^{-1}(\Gamma_A^{\perp})$$
und
$$U(\Gamma_A)^{\perp} = \{(x, y) \mid \langle x, -b\rangle + \langle y, a\rangle = 0 \quad \text{für alle} \quad (a, b) \in \Gamma_A\},$$
$$U^{-1}(\Gamma_A^{\perp}) = \{(y, -x) \mid \langle x, a\rangle + \langle y, b\rangle = 0 \quad \text{für alle} \quad (a, b) \in \Gamma_A\}.$$

Damit haben wir einen Widerspruch und beweisen, daß A^{**} definiert ist und
$$\Gamma_{A^{**}} = (U(\Gamma_{A^*}))^{\perp} = \Gamma_A, \quad \text{also} \quad A = A^{**}.$$

Lemma 35.6. *Sei A linearer Operator in X mit $\overline{D}_A = X$, $\overline{D}_{A^*} = X$. Dann ist $\Gamma_A \subset \Gamma_{A^{**}}$, d.h. $A \subset A^{**}$.*

Beweis: $\Gamma_{A^{**}} = (U(\Gamma_{A^*}))^{\perp} = U(U(\Gamma_A)^{\perp})^{\perp} = \overline{\Gamma}_A$.
Die letzte Gleichung folgt wie in 35.5 unter Verwendung von $\Gamma_A^{\perp} = (\overline{\Gamma}_A)^{\perp}$.

Definition 35.7. *Sei A linearer Operator in X.*
(i) *A heißt symmetrisch, wenn $\langle x, Ay\rangle = \langle Ax, y\rangle$ für alle $x, y \in D_A$.*
(ii) *A heißt hermitesch, wenn $\overline{D}_A = X$ und $A = A^*$.*
Hermitesche Operatoren sind symmetrisch, denn für $u \in D_A$, $x \in D_{A^*}$ gilt
$$\langle x, Au\rangle = \langle A^*x, u\rangle.$$

Lemma 35.8. *Ist A symmetrisch und $\overline{D}_A = X$, so gilt $A \subset A^*$.*

Beweis: Der Beweis folgt aus der Definition von A^*.

156 *Spektraldarstellung nicht überall definierter hermitescher Operatoren*

Lemma 35.9. *Ist B symmetrisch, A hermitesch und $B \supset A$, so gilt $B = A$.*

Beweis: Es gilt $\overline{D}_B \supset \overline{D}_A = X$, also $\overline{D}_B = X$. Also $B^* \supset B \supset A$. Andererseits folgt aus $A \subset B$, daß $B^* \subset A^* = A$, also $B \subset B^* \subset A$.

Von jetzt an betrachten wir nur noch komplexe Hilbert-Räume.

Lemma 35.10. *Sei A ein symmetrischer Operator in X mit Definitionsbereich D_A. Dann gilt: Für $\lambda \in (\mathbb{C} - \mathbb{R})$ ist die Abbildung $A - \lambda \operatorname{Id}: D_A \to X$ injektiv.*

Beweis: Sei $x \in D_A$ mit $Ax = \lambda x$. Dann gilt

$$\langle Ax, x \rangle = \langle x, Ax \rangle \Rightarrow \langle \lambda x, x \rangle = \langle x, \lambda x \rangle \Rightarrow$$

$$\lambda \langle x, x \rangle = \bar{\lambda} \langle x, x \rangle \Rightarrow x = 0 \quad \text{oder} \quad \lambda \in \mathbb{R}.$$

Definition 35.11. *Der Operator A sei symmetrisch. Wir definieren auf $(A + i \operatorname{Id})(D_A)$ einen Operator U_A durch die Formeln*

$$y = Ax + ix, \quad U_A y = Ax - ix, \quad x \in D_A,$$

d.h.

$$U_A = (A - i \operatorname{Id})(A + i \operatorname{Id})^{-1}.$$

Der Operator U_A heißt die Cayley-Transformierte von A.

Lemma 35.12. *U_A ist isometrisch. 1 ist kein Eigenwert von U_A.*

Beweis: Es ist zu zeigen

$$\langle Ax + ix, Ax' + ix' \rangle = \langle Ax - ix, Ax' - ix' \rangle \quad \text{für alle} \quad x, x' \in D_A.$$

Das bestätigt man unter Benutzung der Symmetrie von A durch Ausdistribuieren.

Hätte U_A den Eigenwert 1, so gäbe es ein $x \in D_A$ mit

$$y = (A + i \operatorname{Id}) x = U_A y = (A - i \operatorname{Id}) x.$$

Daraus folgt aber $x = 0$ und daher auch $y = 0$.

Lemma 35.13. *Es sei A symmetrisch. A ist abgeschlossen genau dann, wenn die Räume $L_{i,A} = (A + i \operatorname{Id})(D_A)$ und $L_{-i,A} = (A - i \operatorname{Id})(D_A)$ abgeschlossen sind.*

Beweis: Es sei $y_n \in L_{i,A}$ eine konvergente Folge, $y = \lim y_n$. Da U_A isometrisch ist, ist auch $\{U_A y_n\}$ eine konvergente Folge aus $L_{-i,A}$.

Sei $\bar y = \lim U_A y_n$. Ist $\{x_n\}$ die zugehörige Folge aus D_A, so gilt offenbar

$$x_n = \frac{1}{2i}(y_n - U_A y_n)$$

$$A x_n = \frac{1}{2}(y_n + U_A y_n).$$

Somit sind die Folgen $\{x_n\}$, $\{A x_n\}$ konvergent; die Grenzwerte seien x bzw. w. Nach Voraussetzung ist Γ_A abgeschlossen, also $(x, w) \in \Gamma_A$, also $x \in D_A$, $w = A x$. Es ist also

$$x = \frac{1}{2i}(y - \bar y), \quad A x = \frac{1}{2}(y + \bar y).$$

Dann ist $y = A x + i x \in D_{U_A}$, $\bar y = A x - i x \in L_{-i,A}$ und $\bar y = U_A(y)$. Damit ist gezeigt, daß $D_{U_A} = L_{i,A}$ abgeschlossen ist. Weil U_A isometrisch ist, ist auch $L_{-i,A}$ abgeschlossen. Ist umgekehrt $L_{i,A}$ oder $L_{-i,A}$ abgeschlossen, so folgt aus den obigen Gleichungen die Abgeschlossenheit von Γ_A.

Wir beweisen nun eine teilweise Umkehrung dieser Ergebnisse:

Satz 35.14. *Es seien L_1, L_2 abgeschlossene Unterräume von X und $U: L_1 \to L_2$ ein isometrischer Operator mit $L_2 = U(L_1)$ und $\overline{(Id - U)(L_1)} = X$. Dann wird durch die Formeln*

$$x = y - U y, \quad A x = i(y + U y), \quad y \in L_1$$

ein symmetrischer abgeschlossener Operator A mit $\overline{D}_A = X$ definiert. Es ist $U_A = U$.

Beweis: Wir zeigen zunächst: Aus $y - U y = 0$ folgt $y = 0$. Wegen $\overline{(Id - U)(L_1)} = X$ genügt es zu zeigen $\langle y, z - U z \rangle = 0$ für alle $z \in L_1$. Da U isometrisch ist, gilt aber

$$\langle y, z \rangle - \langle y, U z \rangle = \langle U y, U z \rangle - \langle y, U z \rangle = \langle U y - y, U z \rangle = 0.$$

Damit haben wir bewiesen: A ist eindeutig definiert, und zwar gilt $D_A = (Id - U)(L_1)$, also

$$\overline{D}_A = \overline{(Id - U)(L_1)} = X.$$

Als nächstes zeigen wir die Symmetrie von A. Sei $x = y - U y$; $x' = y' - U y'$. Dann gilt wegen U isometrisch

$$\langle A x, x' \rangle = \langle i(y + U y), y' - U y' \rangle = i(\langle U y, y' \rangle - \langle y, U y' \rangle),$$
$$\langle x, A x' \rangle = \langle y - U y, i(y' + U y') \rangle = i(\langle U y, y' \rangle - \langle y, U y' \rangle).$$

Nach Definition von U_A gilt ferner
$$Ax+ix=2iy,$$
$$Ax-ix=U_A(2iy)=2iU_A y=2iUy.$$

Somit ist $D_{U_A}=D_U=L_1$ und $U_A=U$. Aus dem letzten Lemma folgt wegen der Abgeschlossenheit von L_1 die Abgeschlossenheit von A. Damit sind alle Behauptungen bewiesen.

Der eben bewiesene Satz gestattet eine Entscheidung darüber, ob ein abgeschlossener symmetrischer Operator abgeschlossene Erweiterungen besitzt:

Sei B eine symmetrische echte Erweiterung von A. Da die Abbildungen $B+i\,\mathrm{Id}\colon D_B \to L_{i,B}$, $B-i\,\mathrm{Id}\colon D_B \to L_{-i,B}$ injektiv sind und $D_A \subset D_B$; $D_A \neq D_B$ gilt, ist auch $L_{i,A} \subset L_{i,B}$; $L_{i,A} \neq L_{i,B}$, also U_B echte isometrische Erweiterung von U_A.

Ist umgekehrt V echte isometrische Erweiterung von U_A und $\overline{D}_A=X$, so ist der durch 35.14 definierte symmetrische Operator B (B, V statt A, U) eine Erweiterung von A. Da man $\overline{D}_V=D_V$ annehmen kann, muß die Erweiterung echt sein.

Das Problem der Erweiterung symmetrischer Operatoren A mit $\overline{D}_A=X$ ist damit zurückgeführt auf die Erweiterung isometrischer Operatoren.

Definition 35.15. *Sei A symmetrischer Operator. Die Dimensionen (= Mächtigkeiten einer Orthonormalbasis) von $L_{i,A}^\perp$ bzw. $L_{-i,A}^\perp$ heißen die Defektindizes p_i bzw. p_{-i} von A.*

Lemma 35.16. *Sei A abgeschlossen und symmetrisch, und es gelte $\overline{D}_A=X$. Dann ist*
$$L_{i,A}^\perp = \mathrm{Kern}(A^* - i\,\mathrm{Id}); \quad L_{-i,A}^\perp = \mathrm{Kern}(A^* + i\,\mathrm{Id}).$$

Beweis: Es gelten folgende Äquivalenzen:
$$x \in \mathrm{Kern}(A^* - i\,\mathrm{Id}) \Leftrightarrow A^*x - ix = 0$$
$$\Leftrightarrow \langle y, A^*x - ix\rangle = 0 \quad \text{für alle} \quad y \in D_A$$
$$\Leftrightarrow \langle Ay + iy, x\rangle = 0 \quad \text{für alle} \quad y \in D_A$$
$$\Leftrightarrow x \in L_{i,A}^\perp.$$

Nicht-trivial ist nur die dritte Äquivalenz in der einen Richtung: Sei $\langle Ay+iy, x\rangle=0$ für alle $y\in D_A$, d. h. $0=\langle Ay, x\rangle - \langle y, ix\rangle$, d.h. $x \in D_{A^*}$, wie bei der Definition von D_{A^*} gezeigt wurde.

Die zweite Behauptung folgt analog.

Satz 35.17. *Sei A ein abgeschlossener symmetrischer Operator. Dann gilt: A ist hermitesch genau dann, wenn beide Defektindizes 0 sind.*

Beweis: Ist A hermitesch, so ist wegen $A = A^*$ auch A^* symmetrisch. Nach 35.10 hat A^* also nur reelle Eigenwerte. Nach dem letzten Lemma ist $L_{i,A}^\perp = L_{-i,A}^\perp = \{0\}$, also $p_i = p_{-i} = 0$.

Sind die Defektindizes 0, so ist wegen A abgeschlossen $L_{i,A} = L_{-i,A} = X$. Also ist U_A ein auf X definierter unitärer Operator ohne den Eigenwert 1. Sei nun

(*) $\qquad \langle Ax, v \rangle = \langle x, v^* \rangle \quad$ für alle $\quad x \in D_A$.

Mittels der Cayley-Transformierten U_A kann man dafür schreiben

$\langle i(y + U_A y), v \rangle = \langle y - U_A y, v^* \rangle \quad$ für alle $\quad y \in X$

$\Leftrightarrow \langle y, -iv - iU_A^{-1}v - v^* + U_A^{-1}v^* \rangle = 0 \quad$ für alle $\quad y \in X$

$\Leftrightarrow v^* - iv = U_A(v^* + iv)$.

Setzt man $v^* + iv = 2ix'$, so folgt aus der letzten Gleichung

(**) $\qquad v = x' - U_A x' \in D_A, \quad$ d.h. $\quad v^* = i(x' + U_A x') = Av$.

Wäre nun $\overline{D_A} \neq X$, so ließe sich die obige Gleichung (*) durch $v = 0$ und ein $v^* \neq 0$ erfüllen. Das ergibt einen Widerspruch, denn da U_A nicht den Eigenwert 1 hat, ist $x' = 0$, also $v^* = 0$. Daher ist A^* definiert und wegen (**) $\Gamma_{A^*} \subset \Gamma_A$ und wegen A symmetrisch $A^* = A$.

Seien L_1, L_2 abgeschlossene Unterräume von X. Jeder isometrische Operator U mit $D_U = L_1$ und $U(L_1) = L_2$ führt ein vollständiges Orthonormalsystem $\{x_i\}_{i \in I}$ von L_1 in ein vollständiges Orthonormalsystem $\{U x_i\}_{i \in I}$ von L_2 über (vgl. 21.9). Gibt man umgekehrt in L_1 bzw. L_2 vollständige Orthonormalsysteme $\{x_i\}_{i \in I}$, $\{y_i\}_{i \in I}$ gleicher Mächtigkeit vor, so definiert die Abbildung

$$u: x_i \mapsto y_i$$

auf eindeutige Weise einen isometrischen Operator $U: L_1 \to L_2$ mit $U(L_1) = L_2$.

Sei nun A symmetrisch und abgeschlossen, U_A seine Cayley-Transformierte. Man erhält dann offenbar alle isometrischen Erweiterungen V von U_A, indem man in $L_{i,A}^\perp$ bzw. $L_{-i,A}^\perp$ zwei gleichmächtige Orthonormalsysteme $\{x_i\}_{i \in I}$ bzw. $\{y_i\}_{i \in I}$ auswählt und U_A zu V durch die Definition:

$$Vx = Ux \quad \text{für} \quad x \in L_{i,A}, \qquad Vx_i = y_i$$

erweitert und V auf $L_{i,A} \oplus M$ mit $M = \sum_{i \in I} \{\mathbb{C}\, x_i\}$ ausdehnt. Hieraus folgt unmittelbar

Satz 35.18. *Ein abgeschlossener symmetrischer Operator A mit $\overline{D}_A = X$ besitzt genau dann echte abgeschlossene symmetrische Erweiterungen, wenn beide Defektindizes p_i, p_{-i} ungleich 0 sind. Dann besitzt A unendlich viele solche Erweiterungen. A läßt sich genau dann zu einem hermiteschen Operator fortsetzen, wenn $p_i = p_{-i}$ ist. Man erhält alle Erweiterungen B von A mittels isometrischer Erweiterungen V von U_A durch die Formeln*

$$x = y - Vy; \quad Bx = i(y + Vy).$$

§ 36. Spektraldarstellung unbeschränkter hermitescher Operatoren

Sei X wie zuvor komplexer Hilbert-Raum. Wir wollen in diesem Paragraphen die Spektraldarstellung für hermitesche Operatoren *in* X gewinnen. Dies geschieht mit Hilfe der Cayley-Transformation, die dem hermiteschen Operator A den in *ganz* X definierten unitären Operator

$$U_A = (A - i\operatorname{Id})(A + i\operatorname{Id})^{-1}$$

zuordnet. Die Spektraldarstellung von U_A kennen wir nach § 33 bereits, und durch eine einfache Transformation gewinnen wir aus ihr die Spektraldarstellung für A.

Sei also A hermitescher Operator in X und U_A seine Cayley-Transformierte. Es sei $\{E_t\}_{t \in \mathbb{R}}$ die nach § 33 zu $-U_A$ gehörige Spektralschar.

Lemma 36.1. *Es gilt $E_{-\pi} = E_{(-\pi)+} = 0;\ E_\pi = E_{\pi-} = Id$.*

Beweis: Es sei B der durch die Spektralschar $\{E_t\}$ definierte hermitesche Operator, also

$$-U_A = \cos B + i \sin B.$$

Ist λ Unstetigkeitsstelle von $\{E_t\}$, also nach 32.6 Eigenwert von B, so folgt aus

$$Bx = \lambda x$$

zunächst für alle Polynome p

$$p(B)\, x = p(\lambda)\, x$$

und schließlich für alle stetigen Funktionen f

$$f(B)\, x = f(\lambda)\, x.$$

Wäre also $E_{-\pi} \neq 0$ oder $E_{\pi-} \neq \operatorname{Id}$, so wäre $-1 = e^{-i\pi} = e^{i\pi}$ Eigenwert von $-U_A$ im Widerspruch zu 35.12.

Nach dem Satz über die Spektraldarstellung für unitäre Operatoren ist

$$\langle U_A x, x \rangle = -\int_{-\pi}^{\pi} e^{it} d\langle E_t x, x \rangle,$$

$$\langle U_A^{-1} x, x \rangle = -\int_{-\pi}^{\pi} e^{-it} d\langle E_t x, x \rangle.$$

Nach dem letzten Lemma kann man hier das Lebesgue-Stieltjes-Integral auch auf dem offenen Intervall $(-\pi, \pi)$ nehmen.

Lemma 36.2. *Für jedes $y \in D_A$ gilt*

$$\langle Ay, y \rangle = \int_{(-\pi, \pi)} \operatorname{tg} \frac{t}{2} d\langle E_t y, y \rangle$$

Beweis: Wir definieren nach Satz 35.14 $x \in X$ durch $y = x - U_A x$. Also ist $Ay = i(x + U_A x)$, und es gilt

$$\langle Ay, y \rangle = \langle i(x + U_A x), x - U_A x \rangle = i\langle U_A x, x \rangle - i\langle x, U_A x \rangle$$
$$= i(\langle U_A x, x \rangle - \langle U_A^{-1} x, x \rangle)$$
$$= -(2i) i \int_{-\pi}^{\pi} \frac{e^{it} - e^{-it}}{2i} d\langle E_t x, x \rangle$$
$$= 2 \int_{-\pi}^{\pi} \sin t \, d\langle E_t x, x \rangle$$
$$= 4 \int_{-\pi}^{\pi} \sin \frac{t}{2} \cos \frac{t}{2} d\langle E_t x, x \rangle.$$

Wegen der Stetigkeit der Spektralschar in $-\pi$ und π gilt

$$\langle Ay, y \rangle = 4 \int_{(-\pi, \pi)} \sin \frac{t}{2} \cos \frac{t}{2} d\langle E_t x, x \rangle.$$

Nun gilt

$$\langle E_t y, y \rangle = \langle E_t(x - U_A x), x - U_A x \rangle$$
$$= \langle E_t x, x \rangle - \langle E_t x, U_A x \rangle - \langle E_t U_A x, x \rangle + \langle E_t U_A x, U_A x \rangle$$
$$= 2\langle E_t x, x \rangle - \langle E_t U_A^{-1} x, x \rangle - \langle E_t U_A x, x \rangle$$
$$= \int_{-\pi}^{t} (2 + e^{-i\tau} + e^{+i\tau}) d\langle E_\tau x, x \rangle$$
$$= 4 \int_{-\pi}^{t} \left(\cos \frac{\tau}{2}\right)^2 d\langle E_\tau x, x \rangle.$$

162 Spektraldarstellung nicht überall definierter hermitescher Operatoren

Wir benutzen nun folgende Substitutions-Regel für das Lebesgue-Stieltjes-Integral: Ist

$$\alpha(t) = \int_{-\pi}^{t} f(\tau)\,d\beta(\tau),$$

so gilt

$$\int_{-\pi}^{\pi} g(t)\,d\alpha(t) = \int_{-\pi}^{\pi} f(t)\,g(t)\,d\beta(t).$$

Damit erhalten wir

$$\langle Ay, y\rangle = \int_{(-\pi,\pi)} \frac{\sin\frac{t}{2}}{\cos\frac{t}{2}}\,d\langle E_t y, y\rangle, \quad \text{q.e.d.}$$

Damit haben wir die Spektraldarstellung im wesentlichen abgeleitet. Um die gewohnte Form zu erzielen, liegt es nahe, den monoton steigenden Diffeomorphismus

$$(-\pi, \pi) \to \mathbb{R},\ t \mapsto \operatorname{tg}\frac{t}{2}$$

heranzuziehen. Wir definieren $F_\lambda = E_{2\operatorname{arctg}\lambda}$. Offenbar ist F_λ tatsächlich eine Spektralschar, insbesondere gilt $F_{-\infty} = 0$, $F_{+\infty} = \operatorname{Id}$.

Satz 36.3. *Sei X komplexer Hilbert-Raum, A ein hermitescher Operator in X, U_A seine Cayley-Transformierte und $\{E_\lambda\}_{\lambda \in (-\pi,\pi)}$ die Spektralschar von $-U_A$. Mit $F_\lambda = E_{2\operatorname{arctg}\lambda}$ gilt für alle $x \in D_A$*

$$\langle Ax, x\rangle = \int_{\mathbb{R}} t\,d\langle F_t x, x\rangle.$$

Beweis:

$$\int_{(-\pi,\pi)} \operatorname{tg}\frac{t}{2}\,d\langle E_t x, x\rangle = \int_{\mathbb{R}} \lambda\,d\langle F_\lambda x, x\rangle,$$

q.e.d.

Die Cayley-Transformierte U_A entsteht durch Einsetzen des hermiteschen Operators A in die Funktion $z \mapsto \dfrac{z-i}{z+i}$, die die reelle Gerade auf den Einheitskreis ohne die 1 abbildet. Die Umkehrabbildung ist $w \mapsto i\dfrac{1+w}{1-w}$. Um das Spektrum von A zu untersuchen, liegt es also nahe, das Bild des Spektrums von U_A unter der Umkehrabbildung zu betrachten. Dabei ist das Spektrum $S(A)$ von A definiert als

$$S(A) = \{\lambda \in \mathbb{C} \mid A - \lambda\operatorname{Id} : D_A \to X \text{ nicht bijektiv}\}.$$

Ferner definieren wir das „Spektrum" von A als

$$\Sigma(A) = \left\{ i\frac{1+w}{1-w} \,\Big|\, w \in S(U_A),\ w \neq 1 \right\}$$

und beweisen $\Sigma(A) = S(A)$.

Satz 86.4. *Die Voraussetzungen seien dieselben wie beim letzten Satz. Dann gilt:*

(i) $\lambda \in \Sigma(A) \Leftrightarrow A - \lambda \operatorname{Id}: D_A \to X$ *ist nicht bijektiv, d.h.* $S(A) = \Sigma(A)$.

(ii) $D_A = X$ *und* A *stetig* $\Leftrightarrow S(A)$ *ist kompakt* $\Leftrightarrow 1 \notin S(U_A)$.

Beweis: (i) Es ist $U_A = (A - i\operatorname{Id})(A + i\operatorname{Id})^{-1}$, also

$$U_A f = (A - i\operatorname{Id})g \quad \text{mit} \quad f = (A + i\operatorname{Id})g.$$

Für $w \neq 1$ gilt also

$$(U_A - w\operatorname{Id})f = (A - i\operatorname{Id})g - w(A + i\operatorname{Id})g$$
$$= (1-w)Ag - (i+iw)g$$
$$= (1-w)\left(A - i\frac{1+w}{1-w}\right)g$$

Also gilt

$$(U_A - w\operatorname{Id}): X \to X \text{ bijektiv} \Leftrightarrow$$
$$A - i\frac{1+w}{1-w}\operatorname{Id}: D_A \to X \text{ bijektiv}.$$

Also:

$$w \in S(U_A) \Leftrightarrow A - i\frac{1+w}{1-w}\operatorname{Id}$$

ist nicht bijektiv, d.h.

$$\lambda \in \Sigma(A) \Leftrightarrow A - \lambda \operatorname{Id} \text{ ist nicht bijektiv}.$$

(ii) Ist $D_A = X$ und A stetig, so ist nach 23.5 $S(A)$ kompakt. Wir zeigen nun: $S(A)$ kompakt $\Rightarrow 1 \notin S(U_A)$. Angenommen $1 \in S(U_A)$. Wegen $S(A)$ kompakt und (i) ist 1 isolierter Punkt von $S(U_A)$. Es gibt also eine Umgebung V von 1 mit $V \cap S(U_A) = \{1\}$. Es sei P der zu χ_V gehörige Projektor. Es ist $P \neq 0$. Es gilt

$$U_A P = P \Rightarrow (U_A - \operatorname{Id})P = 0,$$

also $P(X) \subset \operatorname{Kern}(U_A - \operatorname{Id})$, und das ist wegen $P \neq 0$ ein Widerspruch.

164 *Spektraldarstellung nicht überall definierter hermitescher Operatoren*

Wir zeigen nun: $1 \notin S(U_A) \Rightarrow D_A = X$ und A stetig.

$$1 \notin S(U_A) \Rightarrow U_A - \mathrm{Id}: X \to X \text{ bijektiv}$$
$$\Rightarrow D_A = (U_A - \mathrm{Id})(X) = X.$$

Nach dem Satz vom inversen Operator ist $A = i(\mathrm{Id} + U_A)(\mathrm{Id} - U_A)^{-1}$ stetig.

Übungsaufgaben

1. Wir betrachten den Hilbert-Raum $L^2_{\mathbb{C}}(\mathbb{R})$. Es sei $x: \mathbb{R} \to \mathbb{R}$ die identische Funktion. Definiere den linearen Operator Q in $L^2_{\mathbb{C}}(\mathbb{R})$ durch $Q(f) = x \cdot f$. Beweise Q ist hermitesch.

2. Sei X ein Hilbert-Raum und $\{H_i\}_{i=1,2,\ldots}$ eine Familie von abgeschlossenen paarweise orthogonalen Unterräumen. Es sei $\Sigma H_i = X$, d.h. jedes $x \in X$ hat eine eindeutige Darstellung $x = \Sigma P_i x$, wobei P_i den zu H_i gehörigen Projektor bezeichnet. Es sei $\{A_i\}$ eine Familie linearer Operatoren in X mit $D_{A_i} \supset H_i$ und $P_i A_i \subset A_i P_i$ für alle i, also $A_i(H_i) \subset H_i$. Ferner sei $A_i|_{H_i}: H_i \to H_i$ hermitesch. Dann gibt es genau einen hermiteschen Operator A in X, so daß für alle i gilt:

(1) $D_A \supset H_i$ (also $\overline{D}_A = X$!)

(2) $P_i A \subset A P_i$ (also $A(H_i) \subset H_i$)

(3) $A|_{H_i} = A_i|_{H_i}$.

ANHANG I

Begriffe und Sätze aus der mengentheoretischen Topologie

1. Topologische Räume

X sei eine Menge. Es bezeichne $\mathfrak{P}(X)$ die Menge aller Teilmengen (Potenzmenge) von X, die leere Menge $\emptyset$ und X eingeschlossen. Eine *Topologie* auf X ist eine Teilmenge $\mathfrak{U}$ von $\mathfrak{P}(X)$ mit folgenden Eigenschaften:

(i) $\emptyset, X \in \mathfrak{U}$,

(ii) $U, V \in \mathfrak{U} \Rightarrow U \cap V \in \mathfrak{U}$,
 d.h., der Durchschnitt endlich vieler Mengen aus $\mathfrak{U}$ ist in $\mathfrak{U}$,

(iii) $M \subset \mathfrak{U} \Rightarrow \left(\bigcup_{U \in M} U \right) \in \mathfrak{U}$,
 d.h., die Vereinigung beliebig vieler Mengen aus $\mathfrak{U}$ ist in $\mathfrak{U}$.

Das Paar $(X, \mathfrak{U})$ heißt *topologischer Raum;* oft bezeichnet man auch einfach X als topologischen Raum. Die Elemente von $\mathfrak{U}$ heißen *offene* Teilmengen von X. Ist U offen und $x \in U$, so heißt U *Umgebung* von x. Eine Teilmenge V von X heißt *abgeschlossen,* falls $X - V = \{x \in X \mid x \notin V\}$ offen ist.

Ein (triviales) Beispiel für eine Topologie ist die *diskrete* Topologie $\mathfrak{U} = \mathfrak{P}(X)$, d.h., jede Menge ist offen und abgeschlossen.

Wir definieren für eine Teilmenge Y des topologischen Raumes X:

$\overset{\circ}{Y}$ = offener Kern von Y = größte offene Menge, die in Y enthalten ist,

$\overline{Y}$ = abgeschlossene Hülle von Y = kleinste abgeschlossene Menge, die Y enthält.

(Aus (iii) folgt, daß diese Definitionen sinnvoll sind.) Es gilt: $x \in \overline{Y}$ genau dann, wenn es zu jeder Umgebung U von x ein $y \in Y$ gibt mit $y \in U$.

Y heißt *dicht* in X, falls $\overline{Y} = X$.

Sind X, Y topologische Räume, so heißt eine Abbildung $f: X \to Y$ *stetig,* falls das Urbild jeder offenen Menge von Y offen ist. f heißt ein *Homöomorphismus* (und X, Y heißen homöomorph), falls f bijektiv ist und beide Abbildungen f, f^{-1} stetig sind. f heißt *offen,* falls das Bild jeder offenen Menge von X offen ist.

Der topologische Raum $(X, \mathfrak{U})$ heißt *Hausdorff-Raum,* falls das folgende „Trennungsaxiom" gilt: Zu $x, y \in X$, $x \neq y$ gibt es offene Mengen $U, U' \in \mathfrak{U}$ mit $x \in U$, $y \in U'$ und $U \cap U' = \emptyset$.

Eine Folge $\{x_n\}_{n=1,2,\ldots}$ aus X heißt *konvergent* gegen $x \in X$, falls für alle Umgebungen U von x gilt: U enthält fast alle Glieder der Folge. Ist X hausdorffsch, so ist der „Grenzwert" x (falls existent) eindeutig bestimmt, und man schreibt $x = \lim\limits_{n \to \infty} x_n$.

Ein Punkt $p \in X$ heißt *Häufungspunkt* der Teilmenge A von X, falls $p \in \overline{A - \{p\}}$. Ist X hausdorffsch, so liegen in jeder Umgebung eines Häufungspunktes p von A unendlich viele Punkte von A. Der Punkt $p \in A$ heißt *isoliert*, falls er eine Umgebung U hat mit $U \cap A = \{p\}$.

Der Punkt a heißt *Berührpunkt* der Folge $\{x_n\}_{n=1,2,\ldots}$, falls es zu jeder Umgebung U von a und zu jedem n ein $m \geq n$ gibt mit $x_m \in U$.

Ist A Teilmenge des topologischen Raumes X, so ist X in natürlicher Weise selbst ein topologischer Raum. Die Topologie auf A ist nämlich die folgende

$$\{U \cap A \mid U \text{ offen in } X\};$$

sie heißt *Relativtopologie* auf A.

2. Schwache Topologien

Sei X eine Menge und $\mathfrak{B} \subset \mathfrak{P}(X)$ eine Menge von Teilmengen von X. Man kann aus $\mathfrak{B}$ eine Topologie $\mathfrak{U}(\mathfrak{B})$ herstellen, indem man $\mathfrak{B}$ um endliche Durchschnitte von Elementen aus $\mathfrak{B}$ und beliebige Vereinigungen solcher Durchschnitte erweitert.

Sei X eine Menge, $\{Y_i\}_{i \in I}$ eine Familie topologischer Räume und $\{f_i : X \to Y_i\}$ eine Familie von Abbildungen. Sei

$$\mathfrak{B} = \{f_i^{-1}(U) \mid U \text{ offen in } Y_i,\ i \in I\}.$$

Dann heißt die Topologie $\mathfrak{U}(\mathfrak{B})$ die *schwache Topologie* von X bezüglich der Abbildungen f_i. Die Topologie $\mathfrak{U}(\mathfrak{B})$ ist gerade so konstruiert, daß die Stetigkeit aller Abbildungen f_i erzwungen wird und ohne daß a priori mehr verlangt wird.

Genauer: Ist X eine Menge und sind T, T' Topologien auf X, so heißt T *feiner* als T' bzw. T' *gröber* als T falls $T \supset T'$. Die schwache Topologie von X bezüglich der Abbildungen f_i ist die gröbste Topologie von X, bezüglich der alle f_i stetig sind

Beispiel: Sei $\{X_i\}_{i \in I}$ eine Familie topologischer Räume und $X = \prod\limits_{i \in I} X_i$ ihr cartesisches Produkt; $p_i : X \to X_i$ sei die Projektion. Die schwache Topologie bezüglich der p_i heißt die *Produkttopologie* von X.

Ist $I = \{1, \ldots, n\}$, so ist eine Menge in X offen genau dann, wenn sie Vereinigung von Mengen der Form $U_1 \times \cdots \times U_n$, U_i offen in X_i ist.

3. Kompakte Räume

Ein topologischer Raum X heißt *kompakt*, falls X hausdorffsch ist und folgende gleichwertige Bedingungen erfüllt sind:

(i) Für jede *offene Überdeckung* $\{U_i\}_{i \in I}$ von X (d.h. $\bigcup_{i \in I} U_i = X$, U_i offen) gibt es eine endliche Teilüberdeckung: $\{U_i\}_{i \in I_0}$, $I_0 \subset I$, I_0 endlich, $\bigcup_{i \in I_0} U_i = X$.

(ii) (Cantorscher Durchschnittssatz) Ist $\{V_i\}_{i \in I}$ ein zentriertes System abgeschlossener Mengen, d.h., ist der Durchschnitt von jeweils endlich vielen der V_i nicht-leer, so gilt $\bigcap_{i \in I} V_i \neq \emptyset$.

Eine Teilmenge A von X heißt *kompakt*, falls A mit der Relativtopologie kompakt ist. A heißt *relativ-kompakt*, falls $\bar{A}$ kompakt ist.

(Man führt auch den Begriff *quasi-kompakt* ein, indem man die Forderung „X hausdorffsch" in der Definition fallen läßt.)

Eine abgeschlossene Teilmenge eines kompakten Raumes ist kompakt, eine kompakte Teilmenge eines Hausdorff-Raumes ist abgeschlossen.

Ist X kompakt, Y hausdorffsch und $f: X \to Y$ stetig, so ist $f(X)$ kompakte Teilmenge von Y. Insbesondere: Ist X kompakt und $f: X \to \mathbb{R}$ stetig, so gibt es $a, b \in X$, so daß für alle $x \in X$ gilt $f(a) \leq f(x) \leq f(b)$, d.h., die Funktion f ist beschränkt und nimmt ihr Maximum und Minimum an.

Ist X kompakt, Y hausdorffsch, und $f: X \to Y$ stetig und bijektiv, so ist f sogar ein Homöomorphismus, d.h., auch f^{-1} ist stetig.

In einem kompakten Raum X kann man Punkte durch stetige Funktionen in $\mathbb{R}$ trennen, d.h., zu x, y mit $x \neq y$ gibt es ein $f: X \to \mathbb{R}$ mit $f(x) \neq f(y)$.

Es gilt sogar noch mehr: Ist X kompakt und sind A, B abgeschlossene (also kompakte) Teilmengen mit leerem Durchschnitt, so gibt es eine stetige Funktion $f: X \to \mathbb{R}$ mit $f(A) = 0$, $f(B) = 1$ (Urysonsches Lemma).

4. Abzählbarkeits-Axiome

X sei ein topologischer Raum.

(i) X heißt *separabel*, falls eine abzählbare Teilmenge M von X existiert mit $\bar{M} = X$, d.h., M ist dicht in X.

(ii) X erfüllt das *erste Abzählbarkeits-Axiom*, wenn es zu jedem $x \in X$ abzählbar viele Umgebungen U_i, $i = 1, 2, \ldots$ von x gibt, so daß in jeder Umgebung V von x wenigstens ein U_i enthalten ist.

(iii) X erfüllt das *zweite Abzählbarkeits-Axiom*, wenn es abzählbar viele offene Mengen W_i, $i = 1, 2, \ldots$ in X gibt, so daß für jede offene Menge U aus X gilt

$$U = \bigcup_{W_j \subset U} W_j.$$

Das zweite Abzählbarkeits-Axiom impliziert das erste und die Separabilität des Raumes X.

Lemma: *X erfülle das 1. Abzählbarkeits-Axiom. Ist a Berührpunkt der Folge $\{x_i\}_{i=1,2}$, so hat $\{x_i\}$ eine Teilfolge, die gegen a konvergiert.*

Beweis: Wir wählen eine Folge $\{U_j\}_{j=1,2,\ldots}$ von Umgebungen von a, die die in (ii) genannte Eigenschaft hat, und definieren eine neue Folge von Umgebungen $\{V_j\}_{j=1,2,\ldots}$ durch $V_j = U_1 \cap \ldots \cap U_j$. In jedem V_j liegt ein Glied x_j der Folge $\{x_i\}$. Dann konvergiert die Teilfolge $\{x_j\}$ gegen a.

Lemma: *X sei kompakt und erfülle das 1. Abzählbarkeits-Axiom. Dann hat jede Folge in X eine konvergente Teilfolge.*

Beweis: Auf Grund des letzten Lemmas genügt es zu zeigen, daß die Folge einen Berührpunkt hat. Sei A_n die abgeschlossene Hülle der Menge $\{x_n, x_{n+1}, \ldots\}$. Die A_n bilden ein zentriertes System, haben also nach dem Cantorschen Durchschnittssatz nicht-leeren Durchschnitt. Jeder Punkt dieses Durchschnittes ist Berührpunkt der Folge.

Ein Raum X heißt *folgenkompakt*, wenn jede Folge in X eine konvergente Teilfolge hat. Für metrische Räume fallen die Begriffe kompakt und folgenkompakt zusammen. Die eine Richtung dieser Behauptung folgt aus dem letzten Lemma, denn in metrischen Räumen gilt offenbar das 1. Abzählbarkeitsaxiom.

5. Wegzusammenhang

X sei ein topologischer Raum und $x, y \in X$. Ein (stetiger) Weg mit Endpunkten x, y ist eine stetige Abbildung $f: \langle 0, 1 \rangle \to X$ mit $f(0) = x$, $f(1) = y$. Existiert ein solcher Weg, so heißen x, y verbindbar. Man sieht leicht, daß das eine Äquivalenz-Relation ist. Die Äquivalenz-Klassen heißen *Wegzusammenhangs-Komponenten* von X. Existiert nur eine, d.h. sind alle Punkte verbindbar, so heißt X *wegzusammenhängend*.

Ist $f: X \to \mathbb{Z}$ eine stetige Abbildung ($\mathbb{Z}$ mit der diskreten Topologie), so folgt aus $f(x) \neq f(y)$, daß x, y nicht verbindbar sind, also zu verschiedenen Wegzusammenhangs-Komponenten von X gehören.

6. Der Weierstraßsche Approximationssatz

Satz (STONE-WEIERSTRASS): *Sei X ein kompakter Raum und A eine Unteralgebra von $C(X, \mathbb{C})$ mit folgenden Eigenschaften:* (i) *A trennt die Punkte von X, d.h. zu beliebigen $x, y \in X$, $x \neq y$ gibt es ein $f \in A$ mit $f(x) \neq f(y)$.* (ii) *Ist $f \in A$, so ist $\bar{f} \in A$. Dann liegt A dicht in $C(X, \mathbb{C})$ bezüglich der Normtopologie.*

Dieser Satz wird z. B. in dem Buch von DIEUDONNÉ bewiesen.

Anhang II

Das Lemma von Zorn

Eine Menge E heißt *geordnet*, wenn für die Elemente von E eine Relation $\leq$ erklärt ist mit folgenden Eigenschaften:

$$a \leq a$$
$$a \leq b \quad \text{und} \quad b \leq a \;\Rightarrow\; a = b$$
$$a \leq b \quad \text{und} \quad b \leq c \;\Rightarrow\; a \leq c.$$

E heißt *total-geordnet*, falls für alle $a, b \in E$ entweder $a \leq b$ oder $b \leq a$ gilt. x heißt *maximales* (bzw. *minimales*) Element von E, falls es keine echt größeren (bzw. kleineren) Elemente gibt, d.h., aus $y \geq x$ (bzw. $y \leq x$) folgt $y = x$. Ist F eine Teilmenge von E, so heißt $x \in E$ *obere* (bzw. *untere*) *Schranke* von F, falls für alle $y \in F$ gilt $y \leq x$ (bzw. $y \geq x$). E heißt *induktiv geordnet nach oben* (bzw. *nach unten*), falls jede totalgeordnete Teilmenge von E eine obere (bzw. untere) Schranke hat.

Lemma von Zorn: *E sei induktiv geordnet nach oben (bzw. nach unten). Dann gibt es in E ein maximales (bzw. minimales) Element.*

Das Lemma von Zorn folgt aus dem Auswahl-Axiom (vgl. Kelley). Auf die grundlagentheoretischen Fragen, die mit dem Auswahl-Axiom zusammenhängen, wollen wir nicht eingehen.

Wir geben eine typische Anwendung des Zornschen Lemmas: Es sei R ein kommutativer Ring mit Einselement. Es sei E die Menge der Ideale von R, die ein vorgegebenes Ideal $\mathfrak{a} \neq R$ enthalten und die verschieden von R sind. Die Inklusion definiert eine Ordnungsrelation in E. Es ist E induktiv geordnet nach oben: Ist $\{\mathfrak{b}_i\}_{i \in I}$ totalgeordnet, so ist $\bigcup_i \mathfrak{b}_i$ ein Ideal $\neq R$. Also gibt es ein maximales Ideal $\mathfrak{c}$, das $\mathfrak{a}$ enthält.

Wir bemerken noch, daß die maximalen Ideale $\neq R$ von R genau die Ideale $\mathfrak{c}$ sind, so daß $R/\mathfrak{c}$ ein Körper ist. Wäre nämlich $R/\mathfrak{c}$ kein Körper, so gäbe es in $R/\mathfrak{c}$ ein von Null verschiedenes Ideal $\neq R/\mathfrak{c}$, z.B. ein von einer Nicht-Einheit erzeugtes Hauptideal. Das inverse Bild dieses Ideals unter der kanonischen Abbildung $R \to R/\mathfrak{c}$ ist echt größer als $\mathfrak{c}$. Ist umgekehrt $R/\mathfrak{c}$ ein Körper und $\mathfrak{a} \subset \mathfrak{c}$, $\mathfrak{a} \neq \mathfrak{c}$, so ist $\mathfrak{a}/\mathfrak{c} \neq 0$ ein Ideal von $R/\mathfrak{c}$, also $\mathfrak{a}/\mathfrak{c} = R/\mathfrak{c}$, denn $\mathfrak{a}/\mathfrak{c}$ enthält eine Einheit. Es folgt $\mathfrak{a} = R$.

Bezeichnungen

$\Rightarrow, \Leftarrow$	logische Implikationen
$\Leftrightarrow$	logische Äquivalenz
$\in, \ni$	Element von
$\subset, \supset$	Teilmenge von
$\cap, \bigcap$	mengentheoretischer Durchschnitt
$\cup, \bigcup$	mengentheoretische Vereinigung
$\times$	cartesisches Produkt
$\emptyset$	leere Menge
f^{-1}	Umkehrabbildung zu einer bijektiven Abbildung f
$\langle \, , \, \rangle$	abgeschlossenes Intervall von $\mathbb{R}$
$(\, , \,)$	offenes Intervall von $\mathbb{R}$
$(\, , \, \rangle, \langle \, , \,)$	halb-offene Intervalle von $\mathbb{R}$
$\mathbb{N}$	natürliche Zahlen (ohne 0!)
$\mathbb{Z}$	ganze Zahlen
$\mathbb{Q}$	rationale Zahlen
$\mathbb{R}$	reelle Zahlen
$\mathbb{C}$	komplexe Zahlen
$\mathbb{K}$	entweder $\mathbb{R}$ oder $\mathbb{C}$
δ_{ij}	Kronecker-Delta, $\delta_{ij}=0$ falls $i \neq j$, $\delta_{ij}=1$ falls $i=j$
$\{a_n\}, \{a_n\}_{n=1,2,\ldots}$	Folge $a_1, a_2, \ldots$

Literaturhinweise

Fast alles, was in diesem Buch an Kenntnissen vorausgesetzt wird, findet sich in

[1] J. DIEUDONNÉ, Foundations of Modern Analysis, Academic Press, New York-London, 1960.

Für die Grundbegriffe der Topologie und Beweise der im Anhang zusammengestellten Sätze verweisen wir auf

[2] W. FRANZ, Topologie I, Walter de Gruyter & Co, Berlin 1960,

[3] J. L. KELLEY, General Topology, Van Norstrand, Princeton 1957,

[4] K.-P. GROTEMEYER, Topologie, BI-Hochschulskriptum, Bibliographisches Institut, Mannheim 1970.

In der Darstellung des Lebesgue-Integrales in Kapitel III folgen wir dem von RIESZ-NAGY [27] vorgeschlagenem Weg. Leider ist uns kein Buch bekannt, in dem diese Methode für Funktionen von mehr als einer Veränderlichen und beliebige Maße ausgeführt ist. Wir verweisen daher auf

[5] P. DOMBROWSKI, F. HIRZEBRUCH, Infinitesimalrechnung II, Vorlesungsskriptum, Mathematisches Institut Bonn, 1961.

Wesentliche Teile des in unserem Buch behandelten Stoffes findet der Leser auch in folgenden einführenden Werken, die z.T. aber andere Schwerpunkte haben:

[6] M. DAVIS, A First Course in Functional Analysis, Gordon and Breach, New York 1966,

[7] A. N. KOLMOGOROV, S. V. FOMIN, Measure, Lebesgue Integrals, and Hilbert Space, Academic Press, New York-London 1961,

[8] L. A. LJUSTERNIK, W. I. SOBOLEV, Elemente der Funktionalanalysis, Akademie Verlag, Berlin 1955,

[9] E. R. LORCH, Spectral Theory, Oxford University Press, New York 1962.

Für weiterführende Werke, in denen auch Spezialgebiete der Funktionalanalysis behandelt werden und die z.T. wesentlich über den in diesem Buch behandelten Stoff hinausgehen, verweisen wir auf folgende, längst nicht vollständige Liste:

[10] N. I. ACHIESER, I. M. GLASMANN: Theorie der linearen Operatoren im Hilbert-Raum, 3. Aufl., Akademie Verlag, Berlin 1960,

[11] ST. BANACH, Théorie des opérations linéaires, New York 1932,

[12] R. S. PALAIS, Seminar on the Atiyah-Singer Index Theorem. Princeton University Press 1965,

[13] N. BOURBAKI, Eléments de Mathematique, Livre V: Espaces vectoriels topologiques, Hermann, Paris 1955, 1966,

[14] N. DUNFORD, J. T. SCHWARTZ, Linear Operators I, Interscience Publishers, New York 1958,
[15] — —, Linear Operators II, Interscience Publishers, New York 1963,
[16] R. E. EDWARDS, Functional Analysis, Holt, Rinehart, and Winston, New York 1965,
[17] P. R. HALMOS, Introduction to Hilbert Space and the Theory of Spectral Multiplicity, 2nd Edition, Chelsea, New York 1957,
[18] —, A Hilbert Space Problem Book, Van Norstrand, Princeton 1967,
[19] E. HEWITT, K. A. ROSS, Abstract Harmonic Analysis, Springer, Berlin 1963,
[20] E. HILLE, R. S. PHILLIPS, Functional Analysis and Semi-Groups, AMS Coll. Publ. Vol. XXXI, Providence, R. I. 1957,
[21] G. KÖTHE, Topological Vector Spaces I, Springer, Berlin 1969,
[22] L. H. LOOMIS, Abstract Harmonic Analysis, Van Norstrand, Princeton 1953,
[23] M. A. NEUMARK, Normierte Algebren, Deutscher Verlag der Wissenschaften, Berlin 1959,
[24] L. NIRENBERG, Functional Analysis, Lecture Notes, New York 1960/61,
[25] E. PFLAUMANN, H. UNGER, Funktionalanalysis I, Bibliographisches Institut, Mannheim 1968,
[26] C. E. RICKART, General theory of Banach Algebras, Van Norstrand, Princeton 1960,
[27] F. RIESZ, B. SZ.-NAGY, Vorlesungen über Funktionalanalysis, Deutscher Verlag der Wissenschaften, Berlin 1956,
[28] M. H. STONE, Linear Transformations in Hilbert Space and Their Applications to Analysis, AMS Coll. Publ. Vol. XV, New York 1932,
[29] A. TAYLOR, Introduction to Functional Analysis, Wiley, New York 1958,
[30] K. YOSIDA, Functional Analysis, Springer, Berlin 1965,
[31] A. C. ZAANEN, Linear Analysis, North-Holland Publ. Co, 3rd Reprint, Amsterdam 1960.

Wie schon im Vorwort gesagt, wissen wir im einzelnen nicht mehr, welche Quellen der ursprünglichen Vorlesung und damit diesem Buch zugrunde lagen. Die größten Anleihen haben wir bei RIESZ, NAGY [27] (in Kapitel III bei der Behandlung des Lebesgue-Integrales und der L^p-Räume, sowie in Kapitel IX und X bei der Spektraldarstellung hermitescher Operatoren und der Theorie nicht-überall definierter Operatoren), bei J. DIEUDONNÉ [1] (Darstellung der kompakten Operatoren in Kapitel VII, vor allem § 26) und bei DUNFORD, SCHWARTZ [15] (in Kapitel VIII bei der Untersuchung kommutativer Banach-Algebren und dem Beweis des Spektralsatzes) gemacht. Die Behandlung der Hahn-Banach-Sätze verdanken wir einer Mitteilung von H. König; vgl. auch

[32] H. KÖNIG, Über das von Neumannsche Minimax-Theorem, Arch. Math. **29**, 482—487, 1968.

Außerdem benutzten wir folgende Originalarbeiten:
Beim Beweis des Satzes von Clarkson (§ 17)

[33] J. A. CLARKSON, Uniformly Convex Spaces, Trans. Am. Math. Soc. **40**, 396—414, 1936,

beim Beweis des Satzes von Milman (§ 18)

[34] S. KAKUTANI: Weak Topology and Regularity of Banach Spaces, Proc. Imp. Acad. Tokyo **15**, 169—173, 1939,

bei der Spektraldarstellung unitärer Operatoren (§ 33)

[35] F. J. WECKEN, Zur Theorie linearer Operatoren, Math. Ann. **110**, 722—725, 1935.

Register

A

Abbildung, beschränkte 26
Abbildung, kontrahierende 23
Abbildung, lineare beschränkte 27
Abbildung, offene 165
Abbildung, stetige 165
Abbildung, stetig lineare 25
Abbildung, transponierte 35
Abstandsfunktion 9
Abzählbarkeits-Axiom 167
Abzählbarkeits-Axiom, erstes 64
Abzählbarkeits-Axiom, zweites 168
additiv 43
Algebra 29
Algebra, normierte 35
Anti-Isomorphismus 86
antilinear 86
Approximationssatz 74
Arzela-Ascoli 18, 20, 104

B

B*-Algebra, kommutative 127
Baire 22
Bairesche Funktion 51
Banach-Algebra 29, 35
Banach-Algebra- kommutative 122
Banach-Raum 27
Basis 93
Berührpunkt 166
beschränkt 20
Besselsche Ungleichung 91
Bilinearform, symmetrische 83
B-Raum 27

C

Cantorscher Durchschnittssatz 167
Cauchy-Folge 12
Cauchy-Schwarzsche-Ungleichung 84
Cayley-Transformation 160
Cayley-Transformierte 156
Clarkson, Satz von 75
Codimension 106

D

Darstellung, reguläre 123
Defektindiz 158
dicht 21, 165
Dieudonne 112
Dombrowski, P. 43
Dreiecksungleichung 9, 25, 84
Dualraum 25, 34
Dunford-Schwartz 122

E

Eberlein 68
Eigenraum 101, 145
Eigenwerte 101, 145
Einheitsvollkugel 67
Element, maximales 170
Ergodensatz 69
Erweiterung 154

F

Fastmetrik 15
Fatou 48, 59
Folge, konvergente 12, 166
Folgenkompakt 168
Form, hermitesche 83

Fortsetzungssätze 31
Fourier-Entwicklung 93, 120
Fredholm-Alternative 110
Fredholm-Operatoren 107, 151
Fubini 50
Fubini, Satz von 50, 117
Funktion, analytische 101
Funktion, charakteristische 49
Funktionen, meßbare 47
Funktionen, summierbare 46
Funktor, exakter 37

G

Gelfand-Mazur 123
Gelfand-Neumark 128
Gewichtsfunktion 50
gleichgradig stetig 18
gleichmäßig konvex 72, 78
gleichmäßig stetig 11
Graph 153
Graphen, Satz vom abgeschlossenen 40
Grenzwert 12, 166
Gruppe der invertierbaren Operatoren 150
Gruppe der unitären Operatoren 150

H

Hahn-Banach 31, 65
Halbnorm 26
Häufungspunkt 166
Hausdorff-Raum 10, 61f., 165
hermitesch 96
Hilbert-Basis 93
Hilbert-Raum 86
Hilbertscher Folgenraum 56, 61
Holdersche Ungleichung 53
Homöomorph 165
Homöomorphismus 165
Hülle, abgeschlossene 165

I

Ideal, maximales 124
Index 107
Integral-Darstellung 80
Integralgleichung 117
Intervall 43
Intervall-Funktion 43
Involution 127
Isometrie 11
isometrisch 11

J

Jensensche Ungleichung 56

K

Kern, offener 165
Kern, symmetrischer 119
kompakt 103, 167
Komplement, orthogonales 88
Komplettierung 13
König, H. 14, 29
Konstanz-Intervalle 45
Konvergenz, absolute 89
Konvergenz, gleichmäßige 16
konvex 33
Körper 123
Kronecker-Delta 88, 171
Kugel, abgeschlossene 21
Kugeln, offene 10
Kuiper 151

L

Lebesgue 47
Lebesgue-Integral 43, 45f.
Lebesgue-Stieltjes-Integral 50
Levi, Beppo 47
Limes 12
Liouville, Satz von 102

M

Maß 44
Massenverteilung, diskrete 44
Menge, geordnete 170
Menge, meßbare 49

Register

Menge, summierbare 49
Metrik 9
Milman, Satz von 78
Minkowskische Ungleichung 54
monoton 43

N

nirgends dicht 21
Norm 25, 84
normal 129
Norm der stetigen linearen Abbildung 26
Normtopologie 60

O

offen 10
Operator, abgeschlossener 154
Operator, adjungierter 94, 154
Operator, hermitescher 132, 142, 155
Operator, isometrischer 154
Operator, kompakt hermitescher 116
Operator, normaler 129, 131f.
Operator, positiv hermitescher 97
Operator, Satz vom Inversen 40
Operator, stetiger 25
Operator, symmetrischer 155
Operator, unitärer 132, 147
Operator in X 153
Ordnungs-Relation 97
orthogonal 88
orthonormal 88

P

Parallelogramm-Gesetz 85
Parallelogramm-Ungleichung 75
Parsevalsche Gleichung 91, 93
φ-definiert 45
φ-gleich 45
φ-Gleichheit 44
φ-konvergent 45
φ-Nullmenge 44

Polarisierung 86
Positiv Definit 83
Positiv Semi-Definit 83
Potenzmenge 165
Prä-Hilbert-Raum 86
präkompakt 17
Prinzip der gleichmäßigen Beschränktheit 22, 37
Prinzip der offenen Abbildung 38
Produkt, direktes 27
Produkt, inneres 83
Produkttopologie 11, 166
Projektor 135
Punkt, islolierter 166
Punktweise gleichmäßig beschränkt 22
Pythagoras, Satz von 88

Q

Quasi-Kompakt 167
Quotientenraum 27

R

radikal 125
Raum, gleichmäßig konvexer 72
Raum, kompakter 167
Raum, metrischer 9, 26
Raum, normierter 26
Raum, reflexiver 64
Raum, topologischer 10, 165
Raum, vollständiger metrischer 12
reflexiv 64, 78, 88
regulär 44, 100
Reihe, geometrische 101
Relativ-Kompakt 167
Relativtopologie 10, 166
Resolventen-Funktion 100, 123
Resolventen-Menge 100f., 123
Riesz, F. 105
Riesz-Fischer 57
Riesz-Nagy 43

12 Hirzebruch, Funktionsanalysis

Register

S

Schranke, obere 170
Schur, Lemma von 146
schwach −∗− dicht 65
schwach folgenkompakt 68
schwach konvergent 61
schwach −∗− Topologie 62
selbstadjungiert 96
Separabel 64, 68, 167
Sesqui-Linear 86
Skalarprodukt 83
Spektraldarstellung 142, 162
Spektralradius 126
Spektralsatz 130
Spektralschar 136, 141, 143
162
Spektralwert 101
Spektrum 101, 123f., 162
stetig 11, 17, 165
stetig in x ∈ X 11
Stieltjes-Integral 50
Stone-Weierstrass 128, 169
strikt normiert 73
sublinear 30
Summe, direkte 92
summierbar 89
System, maximales orthonormales 92
System, zentriertes 167

T

Teilmenge, konvexe 33
Teilmenge, offene 165
Tonelli, Satz von 117
Topologie 10, 165
Topologie, diskrete 165
Topologie, schwache 60, 64, 166

Total-geordnet 170
Träger einer Spektralschar 137
Trennungsaxiom 165
Trennungssätze 31
Treppenfunktion 45
Tychonoff, Satz von 63

U

Überdeckung, offene 167
Umgebung 165
unitär 98
Urysonsches Lemma 167

V

Vektorraum, topologischer
24, 26
verbindbar 168
Vervollständigung 13, 86
Vielfachheit, algebraische 115
Vielfachheit, geometrische 115
Volumen-Funktion 44

W

Weg, stetiger 168
wegweise, zusammenhängend
150
wegzusammenhängend 168
Wegzusammenhangs-Komponenten 168
Weierstraßscher Approximationssatz 169

Z

Zorn, Lemma von 170
zusammenziehbar 151

Printed in Germany
by Amazon Distribution
GmbH, Leipzig